クロースアップ・RFワールド

掲載記事の写真の一部をフルカラーでご覧ください．〈編集部〉　　　　　　　　　　　　4ページへ続く ➡

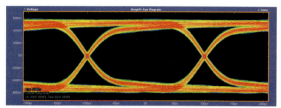
（a）ディエンファシスなしの送信波形

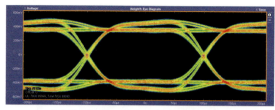
（c）3.5dBディエンファシスした送信波形

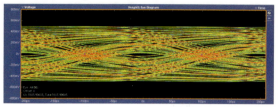
（b）ディエンファシスなしの受信波形

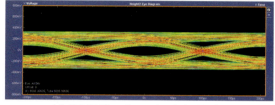
（d）3.5dBディエンファシスした受信波形

〈図1〉トランスミッタ・イコライザによるディエンファシスを適用したときの効果（USB3.2‑5GbpsのCP0パターン）（特集 第2章）

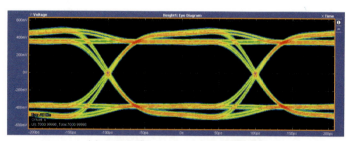
（a）3.5dBディエンファシスした送信波形

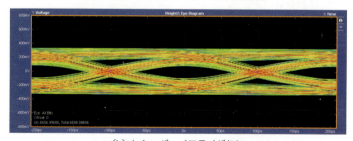
（b）レシーバ・イコライザなし

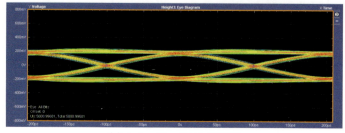
（c）レシーバ・イコライザあり

〈図2〉アイ・ダイヤグラムで見たレシーバ・イコライザの効果（USB3.2‑5GbpsのCP0パターン）（特集 第2章）

無線と高周波の技術解説マガジン

RFワールド
RADIO FREQUENCY

1 　クローズアップRFワールド

特◎集　ギガ・ビット時代のUSB, PCI Express, Ethernetなど　　7

はじめての高速シリアルI/F測定
特集執筆：畑山 仁

イントロダクション　ますます加速するUSB, PCI Express, GbEthernetなど
8 　高速シリアル・インターフェースの世界へようこそ！

[第1章]　物理層の主な要素，トランスミッタ・ブロックとレシーバ・ブロックの技術，伝送路の考察
15　高速シリアル・インターフェースの基礎知識

27　**Appendix**　USB, PCI Express, Ethernet
　　高速シリアル・インターフェースのおさらい

[第2章]　イコライゼーション，スペクトラム拡散クロック，消費電力の抑制，リピータ
32　高速化へのチャレンジ

[第3章]　基本はBER，アイ・ダイヤグラムとマスク，ジッタとノイズなどの考察
38　高速シリアルI/Fの標準的な評価手段

[第4章]　リアルタイム・オシロとサンプリング・オシロ，必要なソフトウェア，BERT，フィクスチャなど
46　高速シリアルI/F物理層で使用する測定器

[第5章]　コンプライアンス・テスト，テスト・パターン，トランスミッタ／ソース測定，レシーバ／シンク測定
60　高速シリアル・インターフェースの測定

エピローグ
70　高速シリアル・インターフェースの今昔と将来展望

特設記事

71　　単一周波数を再利用して広いエリアで高品質な放送を可能にする
　　FM同期放送の技術とその実現　　山﨑 浩介／惠良 勝治／貝嶋 誠／河野 憲治

CONTENTS No.46

www.rf-world.jp　トランジスタ技術 増刊

本文イラスト：神崎 真理子

84
免許不要 / 申請不要で使える150 MHz帯の無線システムが新登場！
デジタル小電力コミュニティ無線システムの全貌とその実際　櫻井 稔

技 術 解 説

98
シャント・スルー法やシリーズ・スルー法を使って15Ω以下や,177Ω以上を精度よく測ってみよう！
VNAで低／高インピーダンスを測るテクニックとziVNAuによる測定例　富井 里一

111　**Appendix-1** ダイポール・アンテナに対するバランの効果とコモン・モード・チョークによる不平衡電流の検証
バランやチョークとコモン・モード電流の測定　富井 里一

115　**Appendix-2** アンテナ用バランの内部観察と通過ロスの測定
3ポートのバランを2ポートのziVNAuで測る　富井 里一

製 作 & 実 験

118
アンテナ端子のないラジオの調整や感度測定に役立つ
受信機試験用標準ループ・アンテナの製作　漆谷 正義

歴 史 読 物

123
安全で円滑な列車運行を支える有線 / 無線通信と無線応用の源流を辿る
鉄道の無線史　藤原 功三
第2回　無線利用の始まりから携帯無線機の誕生まで

134
自動音量制御からステーション・マスター・アンテナまで
ハロルド・アルデン・ウィーラーと応用電子工学　フレデリック・ネベカー著，中嶋 政幸 訳
後編：軍事分野，各種アンテナ開発，公式集など
◆コラム◆アンテナ技研：HF帯からミリ波まで，アンテナ，フィルタ，伝送機器の専門メーカ

折り込み付録

〔付〕高速シリアル・インターフェースの周波数帯域図II,
世界のディジタル携帯電話周波数チャートXII

発行人　寺前 裕司　　編集人　小串 伸一
発行所　CQ出版株式会社　〒112-8619 東京都文京区千石4-29-14
電　話　編集　（03）5395-2123　FAX（03）5395-2022
　　　　販売　（03）5395-2141　FAX（03）5395-2106
　　　　広告　（03）5395-2131　FAX（03）5395-2104
振　替　00100-7-1066

印刷所　三晃印刷(株)
©CQ出版社 2019　禁無断転載
Printed in Japan
＜定価は表4に表示してあります＞

本書に記載されている社名および製品名は，一般に開発メーカの登録商標または商標です．
なお本文中では，TM，®，©の各表示を明記しておりません．

クローズアップRFワールド

➡1ページから続く

〈写真1〉山口放送 山口局
(大平山)送信所(p.71)

〈写真2〉山口局の1kW
FM送信機[日本通信機㈱]
(p.71)

クローズアップRFワールド

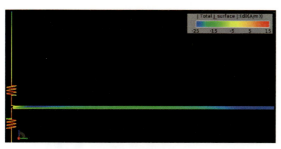

(a) 電流分布

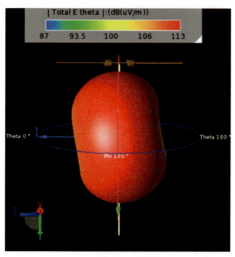

(b) θ成分（水平成分相当）

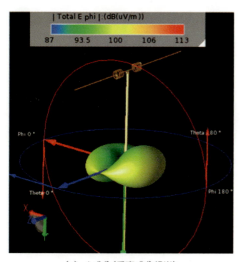

(c) φ成分（垂直成分相当）

〈図3〉バランなし短縮ダイポール・アンテナのシミュレーション結果(p.111)

(a) 電流分布

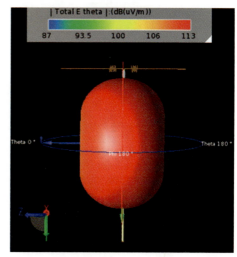

(b) θ成分（水平成分相当）

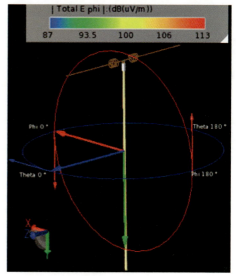

(c) φ成分（垂直成分相当）

〈図4〉フェライト・コア付き短縮ダイポール・アンテナのシミュレーション結果(p.111)

クローズアップRFワールド

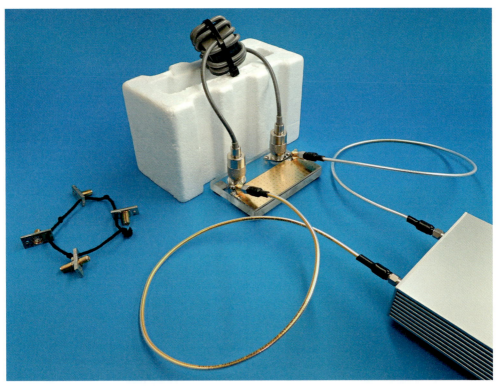

〈写真3〉コモン・モード・チョークの測定セットアップ（p.98）

〈写真4〉製作した標準ループ・アンテナ（p.118）

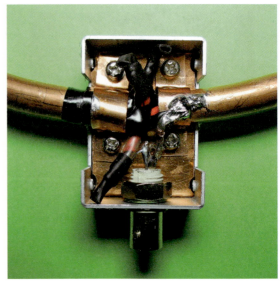

〈写真5〉コネクタ部の内部構造と配線（p.118）

特◎集

ギガ・ビット時代の USB，PCI Express，Ethernet など

はじめての高速シリアル I/F 測定

　高速シリアル・インターフェースは GHz 帯におよぶ RF 信号を使ってデータを伝送するようになりました．エンド・ユーザが高速で快適な環境を享受できるようになる一方で，開発や設計に携わるエンジニアには高度な知識と測定テクニックが求められています．

　本特集では，代表的な高速シリアル・インターフェースの基礎を学んだ上で，信号を観測して評価するための知識を深めます．

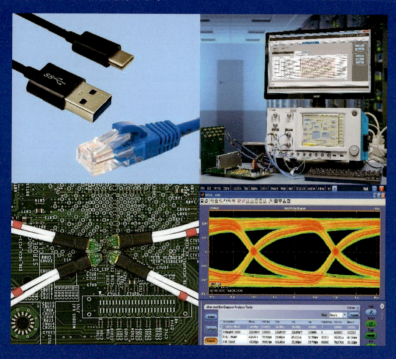

8	イントロダクション	高速シリアル・インターフェースの世界へようこそ！
15	第 1 章	高速シリアル・インターフェースの基礎知識
27	Appendix	高速シリアル・インターフェースのおさらい
32	第 2 章	高速化へのチャレンジ
38	第 3 章	高速シリアル I/F の標準的な評価手段
46	第 4 章	高速シリアル I/F 物理層で使用する測定器
60	第 5 章	高速シリアル・インターフェースの測定
70	エピローグ	高速シリアル・インターフェースの今昔と将来展望

特集 イントロダクション

ますます加速するUSB, PCI Express, GbEthernetなど
高速シリアル・インターフェースの世界へようこそ！

畑山 仁
Hitoshi Hatakeyama

1 はじめに：本特集の狙い

チップ間，モジュール間，またはボード間，さらに装置間を接続するインターフェースでデータを転送する方式としては，並列に一度にデータを受け渡す「パラレル方式」と，データを直列に並べて時系列的に逐次転送する「シリアル方式」の2種類があります．かつてはインターフェースといえば，前者が主流で，後者は距離を長く延ばす場合，いわゆるデータ通信やチップ間での低速の制御や通信での使用でした．

ところが今日では様相が一変しました．Gbps超のインターフェースがパソコン/サーバや通信機器のみならず，ディジタル家電，医療機器，放送機器，半導体製造/検査装置をはじめ，多くの電子機器，アプリケーションで使用されています．"Gbps"はGiga bit per secondの略で，1 Gbpsは1秒間に1兆ビットを転送することを意味します．

図1はパソコンで使っているインターフェースの例です．DDR-DRAM以外はすべてシリアル・インターフェース化されています．しかもそのデータ・レートは民生機器でありながら8 Gbps（PCI Express），最も高速で20 Gbps（Thunderbolt 3）です．パソコン以外だと，電気信号で最も高速な規格で28 Gbps，さらに次世代は32 Gbps，56 Gbpsに到達しようとしています．複数の線路を使う規格や多値を伝送する規格では，その合計で表記する場合がありますが，ここでは誤解を避ける意味で，特筆のない限り「シングル・レーンあたりの物理層データ・レート」で表現します．なお「レーン」という単位については第1章で説明します．

これら高速シリアル・インターフェースの物理層は，高速でデータを正確に伝送するために，多くの技術によって支えられています．これらが意味するのは，今日では高速シリアル・インターフェースが標準技術で

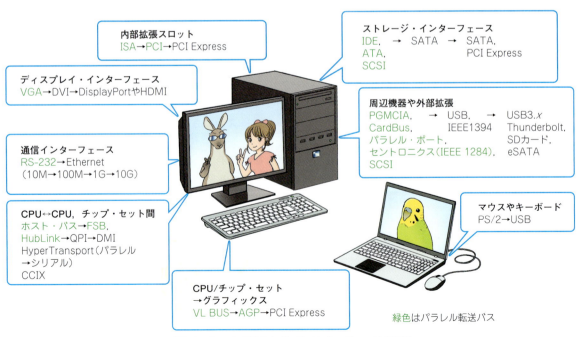

〈図1〉パソコンで使われているインターフェースの変遷

特集　はじめての高速シリアルI/F測定

あり，これを理解することが，電子設計者に求められる条件になったといえるでしょう．

またその評価にあたっても独自の知識が必要です．そこで本特集ではGbps超シリアル・インターフェースの基本的な物理層技術と，その代表例として，身近なパソコン内部およびパソコン周辺インターフェース規格のいくつかに焦点を当てて，測定方法も含めて紹介します．

なお，基礎といいながらも，かなり複雑に思われるかもしれません．しかし，今日ではPCI ExpressやUSB3.2 Gen 1，DisplayPort HBR2のように5 Gbpsの伝送も珍しくありません．そこで5 Gbps近辺のインターフェースを理解する上で必要な知識を紹介したいと思います．

2 なぜ高速シリアルなのか？

シリアル・インターフェース自身は，以前からI^2C，SPI，UART，RS-232などチップ間の制御や機器間での通信用に使用されていますが，ここでいう高速シリアル・インターフェースは，大量なデータの転送が要求されるために，「物理層データ・レートがGbpsを越えている」ものを指します．

■ 2.1 必要とするデータ帯域幅が飛躍的に増大

なぜこんなに高速になったのでしょうか？単位時間に転送されるデータ量はデータ帯域幅(Data Bandwidth)と呼ばれます．その背景としてデータ帯域幅への絶え間ない要求があります．

歴史的に，転送やストレージに蓄積されるデータは，テキストから音声/音楽，静止画，動画へ移行し，さらに高精細化が進みました．高精細化とは，高解像度，高色深度，動画での高フレーム・レート化(コマ数)を意味します．より微細な表現，より微妙な色合いや明暗の違いの表現，よりスムーズな動き，より高速な動きを表現するためです．

例としてBlu-rayや地デジに代表されるハイビジョン放送(2K)が挙げられます．2018年12月には4Kや8Kの衛星放送も始まりました．画像のデータ量はピクセル(画素)数で決まります．図2にテレビ画面の高解像度化を示します．ディスプレイの解像度が2倍になるとピクセル数は縦横ともども2倍に増加するため全体では4倍増加します．したがって色深度，フレーム・レートを変更しない状態では，単純に4倍のデータ量を転送する必要があります．

実際にどの程度のデータ量が必要なのでしょうか？ハイビジョン放送を例に見てみましょう．フルハイビジョンの1画面は1920×1080ピクセルで構成されています．画面に見えている有効表示領域以外に音声データや補助データを含む垂直や水平の同期期間があり，それらを含めると1画面あたりは2200×1125＝2475 kピクセルで構成されています．

さらに動画として30フレーム/秒で表現されており，74.25 Mピクセル/秒を転送する必要があります．なお，日本の放送規格でのフレーム・レートは正確には30/1.001＝29.97フレーム/秒を採用しています．

1ピクセルは10ビットで表現されます．そして1ピクセルには，明暗を表現する輝度情報(ルミナンス：Y)と色を表現するための色差情報(クロミナンス：Cb，Cr)各々10ビットで計20ビットの情報をもちます．色差情報は情報量を減らすために1ピクセルごとに間引かれ，CbとCrを交互に転送します．これを「Y：Cb：Cr＝4：2：2」と表現します．したがってシリアル化すると，データ転送レートは74.25 M×20ビット＝1.485 Gbps必要となります．

なお，こんなに大量のデータをそのまま放送電波に乗せられないため，国内地上波ディジタル放送は，

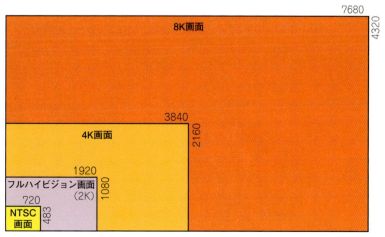

〈図2〉テレビ画面の高解像度化

MPEG-2トランスポート・ストリーム（MPEG-2 TS）として約16 Mbpsに情報量を圧縮して伝送します．またDVDやBlu-rayへの記録や再生も同様で，MPEG-4 AVC/H.264を採用して11〜15 Mbpsで伝送されます．つまり上記のデータ・レートは圧縮前と伸長後のデータ容量です．

もしこのまま4K化すると，4倍帯域が必要となり，5.94 Gbpsに，さらに8Kではその4倍の23.76 Gbpsとなります．しかし，これらは同じフレーム・レートの場合の話であり，映像制作現場ではハイビジョン放送で60フレーム，さらに8Kでは120フレーム化されたため，最終的には96 Gbpsもの帯域幅が必要となるのです．

以上のように高精細化に伴い，飛躍的にデータ量が増大することがわかります．

■ 2.2 大容量化したストレージ・デバイスにより，短時間での転送が必要に

ストレージ技術の進歩では，表1のように光ディスクの大容量化があげられます．今日ではフラッシュ・メモリを採用したフラッシュ・デバイスの大容量化が顕著です．例えばディジタル家電に普及しているSDメモリ・カードでは，表2のように2Gバイトまでのこ SDに加え，SDHC，SDXC，さらに2Tバイトを越えるSDUCが規格化されています．従来は最先端の半導体プロセスというとDRAM製造で使われるものでしたが，今日ではフラッシュ・メモリの製造でも最先端プロセスを導入するようになっています．微細化に加え，3次元化することで記録容量が大幅に増加しています．

ハイビジョンの普及には圧縮技術が大きく貢献していますが，それゆえ大容量のディスクやフラッシュ・デバイスに録画し保存したり，持ち運んだりすることが普及したわけです．パソコンのバックアップなどの使い方も含めて，そこではできる限り短時間に転送できるのが理想です．

上では，ディスプレイの例を挙げましたが，転送されるコンテンツに合わせて，カメラのイメージ・センサ，蓄積用のストレージも高速化，大容量化し，CPUや画像処理性能も高性能になり，関連するあらゆるインターフェースで高速化が要求されてきました．静止画像を表示するには，ある程度時間をかけてデータをメモリに転送した後に，メモリ内容を高速で出力すれば済みます．しかし動画は，データ圧縮技術が併用されていれば，圧縮された映像を伸長する際にはまずメモリに展開されます．コンピュータ・グラフィックス

〈表1〉光ディスクの大容量化

規格	CD-ROM	DVD-ROM	BD-ROM	BDXL
容量	650 Mバイト	片面1層 4.7 Gバイト 片面2層 8.5 Gバイト 両面1層 9.4 Gバイト 両面2層 17 Gバイト	片面1層 25 Gバイト 片面2層 50 Gバイト	片面3層 100 Gバイト 片面4層 128 Gバイト
年代	1985年最初のCD-ROMドライブ発売	1995年 DVD規格策定	2002年 BD規格策定	2010年 BDXL仕様決定

〈表2〉SDメモリ・カードにみられる大容量化の流れ

規格	SDメモリ・カード	SDHCメモリ・カード	SDXCメモリ・カード	SDUCメモリ・カード
容量	〜2Gバイト	2Gバイト超〜32Gバイト	32Gバイト超〜2Tバイト	2Tバイト超〜128Tバイト
年代	1999年規格発表	2006年規格発表	2009年規格発表	2018年規格発表

〈表3〉SCSIインターフェースにみられるバス幅拡張と転送周波数増加によるデータ転送の高速化

規格	通称など	転送周波数[MHz]	データ転送速度[Mバイト/s]	バス幅[ビット]	年代	備考
SCSI-1	SCSI	5	5	8	1986年策定	
SCSI-2	Fast10	10	10	8	1989年策定	Fast SCSI
		10	20	16		Fast Wide SCSI
		10	40	32		32ビット Fast Wide SCSI
SCSI-3 (Ultra SCSI)	Ultra/Fast20	20	20	8	1992年策定	
	Ultra Wide	20	40	16		Wide Ultra SCSI
	Ultra2	40	40	8	1997年策定	
	Wide Ultra2	40	80	16		
	Ultra160	40(DDR)	160	16	1999年策定	
	Ultra320	80(DDR)	320	16	2002年策定	

注▶DDR：Double Data Rate

やゲームでは，グラフィック・プロセッサによって演算されたポリゴンもメモリに展開されます．このようにメモリに書き込まれるデータも常に連続的に書き換えられる必要があります．

今日のインターネット・コンテンツの多くは動画です．したがって配信や転送用のネットワークを含めて，あらゆるインターフェースで広帯域化が要求されてきたのです．どこか追いついていないインターフェースがあると，そこがボトルネックとなり，ほかの広帯域化を活かせることができません．

■ 2.3 パラレル・インターフェースの欠点

パラレル転送方式でデータ帯域幅を拡大するには，バス幅を広げるか，データ転送速度を上げればよいわけです．たとえば表3はSCSIインターフェースの例で，バス幅を拡大するとともに，転送速度を上げて進化しました．しかしながら，転送速度を上げていくと図3に示すように，各信号間のタイミングばらつき（スキュー）が顕著になり，クロックやストローブ信号とデータ間で，セットアップ時間やホールド時間を確保することが困難になります．スキューにはプリント基板上に印刷された配線パターンの伝搬遅延時間やデバイスの遅延時間のばらつきが含まれます．さらに高速化に伴い，ジッタの影響が顕在化してきます．

信号を高速化することは，ロジック・レベル変化の高速化を意味します．各信号間のクロストーク（信号漏れ）や，複数ビットが同時に変化した際に生じる図4のようなグラウンド・バウンス（同時スイッチング・ノイズ）の増加などが問題となります．

また，バス幅が広がることでハードウェアが増えるので消費電力が増え，ピン数が増えてパッケージやチップ・サイズの増大を招き，加えてプリント基板の配線パターンや層数が増加します．その結果，コストが上昇します．こうしてパラレル・インターフェースによる高速化は限界を迎えました．

■ 2.4 シリアル・インターフェースの長所

上述したパラレル・インターフェースの短所をシリアル（直列）化によって解決を図ったのが，シリアル・インターフェースです．

シリアル転送（直列転送）とは図5のように並列データを時間軸方向に縦に並べて逐次送信し，受信側で並列データに戻す方式です．その結果，1～2本の少ない信号線でデータを伝送することができます．また後述する差動化により長距離伝送も可能です．

ただし，少ない信号線本数で大量にデータを転送するためには，飛躍的に転送レートを上げる必要があります．

高速シリアル・インターフェースには，いろんなメリットがあります．

● **伝送媒体を自由に選べる**

媒体として銅配線のみならず光ファイバも選べます．

● **設計自由度が高い**

幅広のフラット・ケーブルに代えて細いケーブルを使えます．シャーシを分離したり，ドッキング・ステーション化するのに接続線が減ります．

● **接続が簡単**

信号線の本数が減り，コネクタ・サイズを小型化できます．

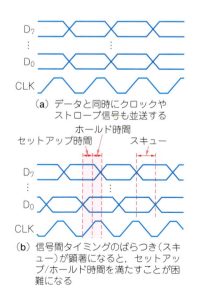

〈図3〉高速化に伴いパラレル・インターフェースではデータ間およびクロックとデータ間のスキューによりセットアップ時間やホールド時間を確保することが困難になる

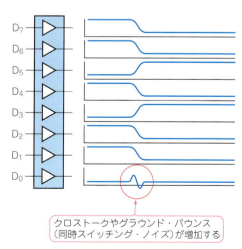

〈図4〉高速化に伴いパラレル・インターフェースでは各信号間のクロストークやグラウンド・バウンス（同時スイッチング・ノイズ）が増加する

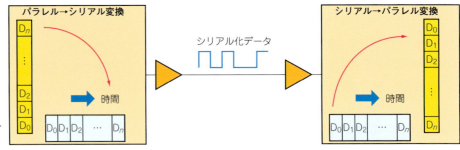

〈図5〉シリアル・インターフェースの基本的な構成

● 配線の容易化

より広い帯域幅を達成するためには，複数のレーンを使いますが，各レーンにCDR（後述）やバッファを持つことで，レーン間スキューを緩くすることができ，レーン間の等時間長配線が不要になります．

● ピン数の削減

チップ・サイズが小型化し，パッケージのピン数が減ります．半導体プロセス技術や微細加工技術の進歩により，同じパッケージ・サイズのままでも飛躍的に高集積化と高機能化を実現でき，複数のインターフェースを搭載することも可能です．実際に今日のCPUやチップ・セットは驚くほど多くのインターフェースを搭載しています．

■ 2.5 シリアル・インターフェース特有の機能

● クロック・リカバリとクロック・データ・リカバリ

受信側でデータを正しく受け取るためにはデータをラッチ（保持）するためのストローブやクロックを必要とします．しかしながら高速シリアル・インターフェースでクロックを送るとなると，クロックとデータ間のスキュー問題を解消できません．また周波数的に高いクロックを送信するのは，EMI（電磁妨害）やクロストークの見地から好ましくありません．

そこで送信側ではクロック・タイミングでデータをシリアル化して送信し，受信側ではデータ・ストリームの中からPLLでクロックを取り出す方法，つまりクロックを送信しない方法をとります．この方法は，受信側で受信データ・ストリームのデータ・レート（周波数）と位相を合わせたクロックを生成します．受信側でこの働きをする機能（回路）のことを「クロック・リカバリ」（クロック再生）と呼びます．

さらにリカバリされたクロックでデータをラッチする回路を含めて「クロック・データ・リカバリ回路」（CDR）とも呼びます．CDRはジッタに対する応答特性を持つため，ジッタが無視できない高速シリアル・インターフェースではCDRの特性がキーとなります．

● 同期機能

また，直列データ列として，さまざまな0と1の組み合わせが転送されるため，必要なビット列をうまく切り出さないと正しいデータを再現できません．そこで切り出し同期が必要で，それには特定のビット・パターンの出現を検出し，同期する方法を取ります．

■ 3 シリアル・インターフェースにおけるトレンド

図6は主な高速シリアル・インターフェースの規格と高速化する一方のデータ・レート（1レーン当たりのデータ・レート）を図示したものです．

■ 3.1 全体的な傾向

以下，今日のシリアル・インターフェースに見られる全体的な傾向をまとめます．

● 既存インターフェースの高速化

USBやEthernetなど，もともとシリアルで規格化されたインターフェースの高速化が進んでいます．

● パラレル転送方式だった機器内部のインターフェースのシリアル化

PC拡張インターフェースのPCIはPCI Expressへ，ストレージ・インターフェースのATA（パラレルATA）はSATA（シリアルATA）へ移行しました．

● 世代を重ねた高速化

いったんシリアル化されると，世代が変わるごとに，より高速化を目指します．たとえばUSB3.0（5 Gbps）→3.1（10 Gbps）→3.2（10 Gbps×2）→4（20 Gbps×2）など．

● 規格化団体による標準規格化

メーカが独自規格を作るのではなく，規格化団体を立ち上げて標準規格化し，その仕様を公表するようになりました．仕様にはテスト方法も含まれます．代表的な例がUSBやPCI Expressです．規格団体USB-IF（USB Implementers Forum）とPCI-SIG（Peripheral Component Interconnect Special Interest Group）が標準化を推進しています．

■ 3.2 最近の動向

● 8〜10 Gbpsを越える規格が急速に策定され実用化

パソコンではPCI Express 3.0（8 Gbps）に続き，8〜

特集 はじめての高速シリアルI/F測定

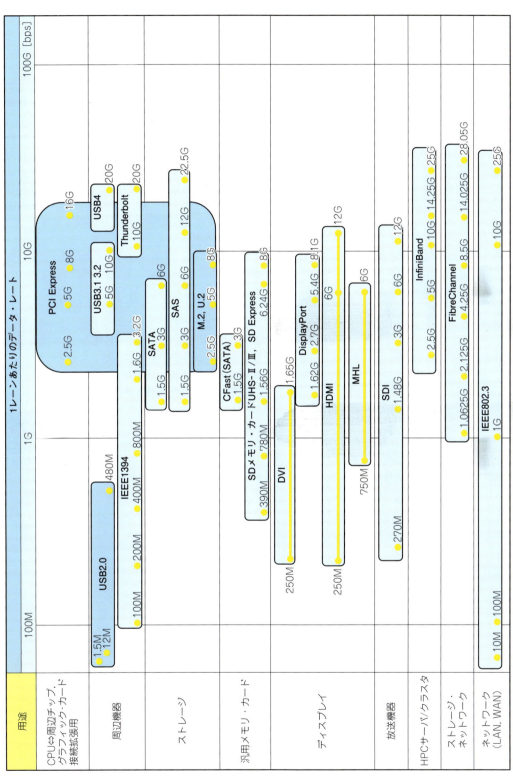

〈図6〉主な高速シリアル・インターフェース規格と高速化する一方のデータ・レート（1レーン当たりのデータ・レート）

C Fast：CompactFlash Associationが策定した次世代フラッシュメモリ・カード規格　DVI：Digital Visual Interface．ディスプレイ機器などのインターフェース．
HDMI：High-Definition Multimedia Interface．ディスプレイ機器のインターフェース．　HPC：High-Performance Computing．スーパーコンピュータ機器のインターフェース．　MHL：Mobile High-definition Link．モバイル機器のインターフェース．　SAS：Serial Attached SCSI．HDD／SSDなどストレージ機器のインターフェース．　SATA：Serial AT Attachment．HDD／SSDなどストレージ機器のインターフェース．　SDI：Serial Digital Interface．放送用映像機器のインターフェース

10 Gbpsを越える規格が急速に策定され実用化されつつあります．

Thunderbolt 3（20 Gbps），DisplayPort 1.3（8.1 Gbps），USB3.1（10 Gbps）がすでに搭載されています．

● PCI Expressは第4世代が策定

現行の8 Gbpsに対して倍の16 Gbpsが規格化されました．規格団体では，すでに第5世代32 Gbpsの規格化が開始されています．

● 400 Gb Ethenetに向かって56 G～112 Gbpsの規格も策定．そこではPAM4が先行

100 GbE（100 GbpsのEthernet）はすでに実用化されており，100 Gbpsを実現するのに，1組あたり25～28 Gbpsのリンクを4組使っています．データ・レートに幅があるのは，採用している符号化が異なるためです．

25 Gbpsでも16レーン使用すれば400 Gbpsを達成できますが，実用的ではありません．実用化にはせいぜい8組以下が求められます．論理レベル"0"と"1"の2値をそのままNRZ符号(Non Return Zero)で伝送する技術は研究段階にあり，プリント基板の損失が大きな障害になっています．そこでデータ・ビット対（00，01，10，11）ごとに信号レベルを4値化して伝送することで，2値のNRZと同じ周波数成分と周期で2倍のデータ・レートを実現できるPAM-4（Pulse Amplitude Modulation）が採用されました．

● モバイル機器，フラッシュ・ストレージも高速シリアル化

高速化によって信号変化の頻度が増加するのに伴い，消費電力が増加します．そのためバッテリ駆動機器にとっては不利ですが，低消費電力が求められ，高速化が苦手だった領域でも高速シリアル化が進んでいます．

SDメモリ・カードのUHS-Ⅱ規格やSD Express規格，スマートフォンなどのモバイル機器で使われるMIPI（Mobile Industry Processor Interface）規格などです．

● 受給電能力や機能の強化

ケーブル1本で高速データ通信と給電に対応する規格もあります．例えばUSB PDでは最大100 W，従来とは逆方向の周辺機器からパソコンへの給電が可能になりました．

PoE（Power Over Ethernet）ではWi-Fiルータの電源敷設が不要になりました．その他に，車載用インターフェース，マシン・ビジョン・カメラ・インターフェースのCoaXpressではDCに加え，画像データと逆方向に伝送される制御用コマンドが重畳します．

● コネクタを共通化

従来は規格ごとに異なったコネクタを用意する必要がありました．モバイル機器の普及に伴い，薄型化/小型化により，コネクタを取り付けられるスペースが限られてきました．そこでUSB-IFが策定したタイプCコネクタは，USB3.2/2.0のみならず，DisplayPortおよびThunderbolt3，HDMI，外部ACアダプタで共用を可能にし，コネクタ数を減らせるようにしました．

代表的な例がApple社のMacBookです．2015年4月に発表したモデルや2016年以降のMacBook Proから3.5 mmヘッドホン・ジャックとタイプCコネクタ以外の端子をなくしてしまいました．次世代のUSB4でも使用します．

はたけやま・ひとし　テクトロニクス/ケースレーインスツルメンツ社 営業統括本部 営業技術統括部 シニア・テクニカル・エキスパート

特集　はじめての高速シリアルI/F測定

第1章　物理層の主な要素,トランスミッタ・ブロックとレシーバ・ブロックの技術,伝送路の考察

高速シリアル・インターフェースの基礎知識

畑山 仁
Hitoshi Hatakeyama

1.1 高速シリアル・インターフェースの物理層がもつ主な要素

■ 1.1.1 トランスミッタ,レシーバ,伝送路

高速シリアル・インターフェースの物理層は図1.1に示す「トランスミッタ」,「レシーバ」,そしてそれらの間を接続する「伝送路」で構成されます.

ここで紹介するインターフェースは,基本的に信号が左から右へ流れる片方向伝送の構成とします.

双方向(全二重)にするには,左右が逆向きに配置された同じ接続をペアで組み合わせます.これを「双対単方向伝送」(Dual Simplex Communication)といいます.

なお,片方向だけの伝送で済むインターフェースもあります.たとえば画像系です.パソコンなどの信号源(ソース)から外部ディスプレイやプロジェクタなどへの表示装置(シンク)への伝送,GPUからLCDパネルへ映像データを送る伝送のように,いずれも片方向だけの構成です.

■ 1.1.2 レーン,リンク,ポート

高速シリアル・インターフェースには「レーン」,「リンク」,「ポート」という用語が登場します.図1.2を見てください.

● ポート
同一チップ内に置かれたトランスミッタとレシーバの組み合わせです.

● レーン
1本の信号線をいいます.差動であれば正負1対の差動信号線です.双対単方向伝送では上り下りをペアとして数えます.

● リンク
二つのポート間を接続する双対単方向伝送パスをいいます.PCI Expressなどでは「×Nリンク」という表現があり,N組のレーンで構成されています.

1.2 トランスミッタ・ブロックとその技術

図1.3はトランスミッタ・ブロックの機能ダイヤグラムです.上位層から受け取ったデータをシリアル化し,実際の信号として送信します.ブロック図の左から右へ信号の流れに沿って各機能を説明します.

■ 1.2.1 スクランブラ

上位層から転送されてきたデータは,同じパターン

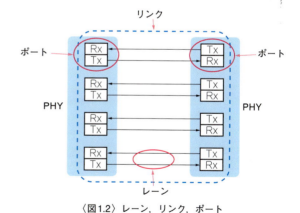

〈図1.2〉レーン,リンク,ポート

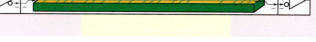

〈図1.1〉高速シリアル・インターフェースの物理層を構成する要素

が継続しないように線形フィードバック・レジスタ(Linear Feedback Shift Resister)（LFSR）で生成した乱数値とデータを排他的論理和（XOR）して，データを攪拌します．この機能を「スクランブラ」といいます．

図1.4はスクランブラの例です．これはPCI Express 2.5/5 GbpsやUSB3.2 5 Gbpsで使用されている16ビットLFSRです．

受信側にもデスクランブルを行うために同じハードウェアを備えており，受信したデータとLFSR出力を排他的論理和することで，元のデータ値に戻します．

その際に，正しくスクランブル前のデータに復元するには，スクランブラとデスクランブラが同じ値を生成するように同期している必要があります．そこでトランスミッタからの送信データに特殊なデータを使ってリセットし，同期するようにします．

LFSRは段数とフィードバック・タップ位置を表現した生成多項式および初期値（シード）で規定されます．**表1.1**はLFSRの生成多項式の例です．生成多項式は各規格により異なり，さらに同じ規格でも，例えばUSB3.2 5 Gbpsではレーン0にFFFFh，レーン1は8000hのようにレーン間でデータが変化するパターンをずらしてクロストークを抑制します．

表1.2はスクランブラ/デスクランブラと転送されるデータの関係です．USB3.2 5 GbpsでD0.0（00h）を連続転送した例（論理的アイドル）です．

スクランブルする狙いは次の二つです．

● **特定周波数へのエネルギーの集中によるEMIを低減する**

同じデータが周期的に繰り返されると，特定のスペクトラム上にピークが生じますから，そのレベルを低減します．

図1.5はスクランブラの有無によるスペクトラムの差です．スクランブラを掛けるとピーク値が18 dBほど低下しているのがわかります．

● **データ遷移密度の向上**

高速シリアル・インターフェースでは同期のために，レシーバのクロック・リカバリ回路でデータからクロックを再生します．このときPLLが絶えず追従する，つまりクロック・リカバリ回路が常に周波数/位相同期したクロックを再生するためには，高頻度で信号が変化することが必要です．

■ 1.2.2 エンコーダ（符号化）

さて，スクランブラを通したデータをそのままシリアル化して送信するわけではありません．何らかの符号化を行います．おもに利用されている符号化方式としては，**表1.3**に示すものがあります．

符号化方式の名称にある最初の数字は，符号化前のビット数で，後ろの数字は符号化後のビット数を表しています．つまり「8B/10B」は，8ビット・データを

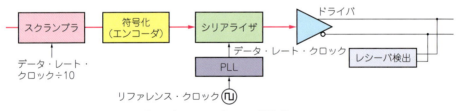

〈図1.3〉トランスミッタの機能ブロック

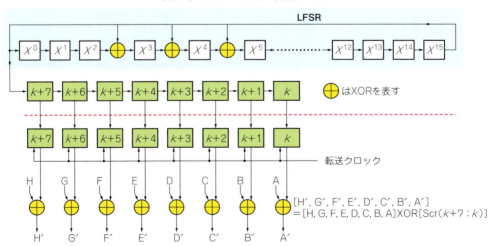

〈図1.4〉16ビット・スクランブラの例（PCI Express 2.5 G/5 GbpsやUSB 3.2 5 Gbpsで使用）

特集　はじめての高速シリアルI/F測定

10ビット・データに符号化するという意味です.

■ 1.2.3 8B/10B符号

これは8ビットのデータ・パターンの各々に対応して用意された10ビット・パターンに変換して伝送する方式です. このように符号化するのは, 次の目的があるからです.

● 符号化の目的

▶データ遷移の頻度を向上させDC成分をなくす

"0", "1"の論理状態の継続(ランレングス)を制限することで, データ遷移の頻度を向上させます. この結果, 受信のクロック・リカバリを容易化できるとともに, DC成分がないため, AC結合や光ファイバでの伝送が可能となります.

▶周波数スペクトルの広がりを抑制することにより, 伝送路の高周波損失の影響を低減する

データの持つ周波数スペクトルの広がりを抑制することにより, 伝送路の高周波損失の影響を低減します. 同じ論理の継続は最大5ビット, 最小では1ビットなので最長繰り返しパターンは "0000011111", 最短は "0101010101" となります. 例えば2.5 Gbpsであれば1ビット長は400 psなので, 周期は前者4 ns, 後者800 psで, 周波数に換算すると前者は250 MHz, 後者

〈表1.3〉高速シリアル・インターフェースで主に利用されている符号化方式

符号化方式	用途例
8B/10B	USB3.2 (5 Gbps), SATA, PCI Express (2.5 Gbps/5 Gbps), DisplayPortその他多くの規格で採用
64B/66B	10GbE以上での多くのEthernet, Thunderbolt2に採用
128B/130B	PCI Express(8 Gbps, 16 Gbps)
128B/132B	USB3.2 (10 Gbps)

は1.25 GHzとなります. つまりデータ・レートの1/10から1/2の範囲に広がりを抑制できます.

▶データを伝送しつつリンク制御を行う

データを符号化したデータ・キャラクタ(シンボルでD$n.n$と表現)のみならずシンボル・ロック, パケット開始/パケット終了などのフレーミング, デスクランブラのリセットなどリンクの制御を行うコントロール・キャラクタ(K$n.n$と表現)も用意されています. キャラクタにどういう意味を持たせるかは, 規格によって異なります. 換言すれば規格により, キャラクタの意味が変わります.

▶ディスパリティによるエラー検出

利用されていないパターン, 後述のディスパリティ

〈表1.1〉高速シリアル・インターフェース規格で使われる線形フィードバック・レジスタの生成多項式

規　格	多項式
PCI Express(2.5 Gbps, 5 Gbps)	$X^{16} + X^5 + X^4 + X^3 + 1$
USB3.2(5 Gbps)	
PCI Express(8 Gbps, 16 Gbps)	$X^{23} + X^{21} + X^{16} + X^8 + X^5 + X^2 + 1$
USB3.2(10 Gbps)	
SATA(1.5 Gbps, 3.0 bps, 6.0 Gbps)	$X^{16} + X^{15} + X^{14} + X^3 + 1$

〈表1.2〉スクランブラ/デスクランブラとUSB3.2規格におけるD0.0(00h)の連続転送例(論理的アイドル)

	送信側				受信側		
データ値	シンボル	LFSR生成値	データ値	シンボル	LFSR生成値	データ値	シンボル
−	K28.5	FF	1BC	K28.5	FF	1BC	K28.5
0	D0.0	FF	FF	D31.7	FF	0	D0.0
0	D0.0	17	17	D23.0	17	0	D0.0
−	K28.1	17	13C	K28.1	17	13C	K28.1
−	K28.1	17	13C	K28.1	17	13C	K28.1
0	D0.0	C0	C0	D0.6	C0	0	D0.0
0	D0.0	14	14	D20.0	14	0	D0.0
0	D0.0	B2	B2	D18.5	B2	0	D0.0
−	K28.3	E7	17C	K28.3	E7	17C	K28.3
0	D0.0	2	2	D2.0	2	0	D0.0
0	D0.0	82	82	D2.4	82	0	D0.0
0	D0.0	72	72	D18.3	72	0	D0.0
0	D0.0	6E	6E	D14.3	6E	0	D0.0
0	D0.0	28	28	D8.1	28	0	D0.0

← COM(K28.5)を使い送信側と受信側を同期するためLFSRをリセットする. するとシード(FFh)がセットされる.

} SKP(K28.1)ではLFSR値を保持する.

← COM(K28.5)とSKP(K28.1)以外のKキャラクタではLFSRが動作する.
※Kキャラクタはスクランブルされない.

〈表1.4〉8B/10B符号化の例

シンボル	データ	rd −	rd +	エンディング・ディスパリティ
D0.0	00h	100111 0100	011000 1011	same
D1.0	01h	011101 0100	100010 1011	same
D2.0	02h	101101 0100	010010 1011	same
D3.0	03h	110001 1011	110001 0100	flip
…	…	…	…	
K28.0	−	001111 0100	110000 1011	same
K28.1	−	001111 1001	110000 0110	flip
K28.2	−	001111 0101	110000 1010	flip
…	…	…	…	
K28.5	−	001111 1010	110000 0101	flip
…	…	…	…	
K28.7	−	001111 1000	110000 0111	same

注▶ rd：running disparity

によるエラー検出も同時に可能にしています．

● 8B/10B符号化の実例

表1.4は8B/10B符号化の例です．8B/10BではDCレベル平均値に片寄りが生じないようにDCバランスをとるように符号化されます．そのため符号列に含まれる0と1の数の差が最高でも±1に抑えたパターンになるように作成してあります．

具体的には10ビットの中の6ビットと4ビット，または双方に対して互いに極性が反転したrd＋とrd−という2種類の符号を用意し，前の符号の0と1の数の差が±1の場合，"flip"として次に反転パターンを送信させるランニング・ディスパリティを行います．0と1の数に差がない場合は"same"として同じ向きのパターンを維持します．ほかの符号化ではDCバラ

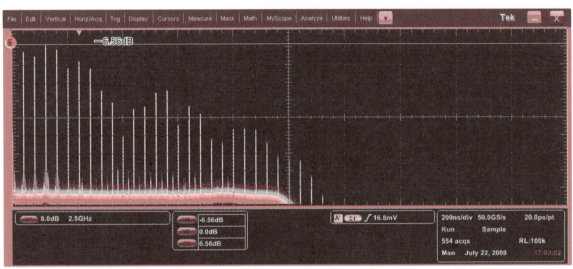

(a)スクランブル適用前

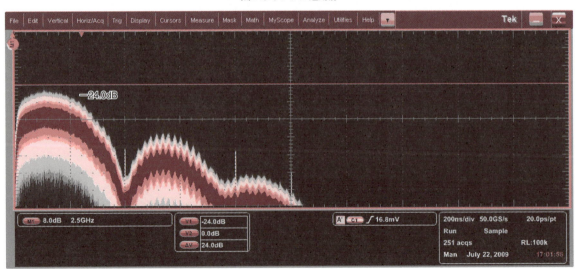

(b)スクランブル適用後

〈図1.5〉スクランブラの有無によるスペクトラムの差(5 Gbpsのデータを観測；スパン2.5 GHz, 8 dB/div.；スクランブラによりピーク値が18 dBほど低下している)

特集 はじめての高速シリアルI/F測定

表1.5はPCI Express（2.5 Gbps，5 Gbps）規格でのKキャラクタの意味合いです．

図1.6は8B/10B符号化のプロセスです．8ビットを下位5ビットと上位3ビットに分け，入れ替えます．各々は一つの値に対して2種類の符号化データを持つ場合があります．例えば3b入力の000は0100と1011の2種類の値を持ち，rdによって選択されます．

なお，6ビットと4ビットで分かれているのは，8B/10B変換のプロセスが8ビットを5ビットと3ビットに分け，各々6ビットと4ビットに変換するからです．

8B/10B符号はIBM社が1984年に取得した特許（U.S Patent 4486739）ですが，権利期間が終了し，またシリアル規格のお手本というべきFibre ChannelでもANSI INCITS 230-1994（旧ANSI X3.230-1994, FC-PH：Fibre Channel - Physical and Signaling Interface）として規格化されたため，今日広く利用されています．

■ 1.2.4 64B/66B, 128B/130B, 128B/132B符号

8B/10B符号では，8ビットに対して送信されるデータが2ビット増加するので，転送されるデータの20％，実際のデータから見ると25％オーバーヘッドが増加します．つまり2.5 GbpsのPCI Expressでは2 Gbpsが実質的なデータ転送レートとなります．そのため，さらなる高速化を活かすべく，符号化オーバーヘッドを低減するために，より高効率な符号化が使用されています．その例が64B/66B, 128B/130B, 128B/132Bです．

図1.7は64B/66B, 128B/130B, 128B/132B符号化のパケット構造です．

符号化といいながらも，8B/10Bのようにデータ・ビット・パターンに応じて変換されるデータ・パターンが用意されているわけではなく，スクランブルされたデータに対し，コントロール・ブロックとデータ・ブロックの識別とブロックの切り出しに使用するブロック・ヘッダを付加してブロック化したものです．64B/66Bは8バイト・データにブロック・ヘッダ2ビットを付加，128B/130Bは，16バイト・データにブロック・ヘッダ2ビットを付加，128B/132Bは16バイト・データにブロック・ヘッダ4ビットを付加したものです．データ部分はスクランブルされてデータ遷移密度を上げます．

表1.6は実際の規格例と使用している符号化のブロック・ヘッダ・パターンと内容です．

■ 1.2.5 TMDS

TMDS（Transition Minimized Differential Signaling）は，DVIやHDMIで採用されているデータ伝送方式で，8B/10B符号と同様に8ビット・データを10ビットに符号化します．しかしながらその名称「遷移最小差動信号伝送方式」が示すように，EMIの低減とデータ転送の堅牢化のために「ビット変化を最小

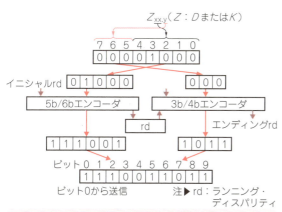

〈図1.6〉8B/10B符号化のプロセス

〈表1.5〉PCI Express（2.5 Gbps，5 Gbps）規格でのKキャラクタの意味合い

Kキャラクタ	シンボル	名　前	内　容
K28.5	COM	Comma	レーン，リンクの初期化と管理に使用（シンボル・ロック，スクランブラの初期化）
K27.7	STP	Start TLP	トランザクション・レイヤ・パケット（TLP）の始まりを示す
K28.2	SDP	Start DLLP	データ・リンク・レイヤ・パケット（DLLP）の始まりを示す
K29.7	END	End	TLPとDLLPの終わりを示す
K30.7	EDB	EnD Bad	送信途中でエラーが発生したTLPでENDの代わりに使用
K23.7	PAD	Pad	フレーミング時やリンク幅でのデータの補充（パディング）とレーン順序のネゴシエーションで使用
K28.0	SKP	Skip	二つのポート間でビット・レート差を補償するために使用
K28.1	FTS	Fast Training Sequence	電気的休止モードから動作モードに復帰するために使用（パワー・マネジメント）
K28.3	IDL	Idle	EIOS（Electrical Idle Ordered Set）で使用
K28.7	EIE	Electrical Idle Exit	EIEOS（Electrical Idle Exit Ordered Set）で使用（5 Gbps）

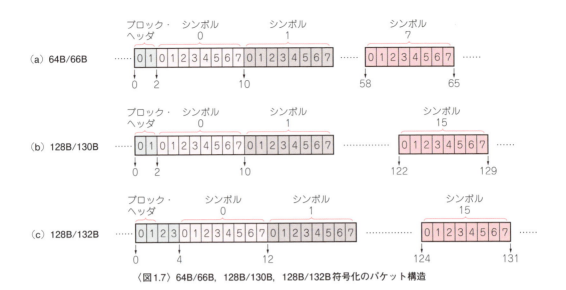

〈図1.7〉64B/66B, 128B/130B, 128B/132B符号化のパケット構造

〈表1.6〉高速シリアル・インターフェース規格と符号化方式およびブロック・ヘッダ・パターン

規格	符号化	内容	
		データ・ブロック	コントロール・ブロック
10GBASE-KR	64B/66B	01	10（データ・ブロックも含まれる）
PCI Express (8 Gbps, 16 Gbps)	128B/130B	10	01
USB3.2 (10 Gbps)	128B/132B	1100	0011

化」，つまり「データ遷移密度を下げること」が目的であり，データ遷移密度を上げる8B/10B符号化と大きく異なります．そのため，クロックを並走します．ただし周波数分割して周波数を下げています．一方，データに含まれる"0"と"1"の数を見てビット・パターンを反転してDCバランスを取る点は，方法は異なるにしても，狙いは8B/10B符号と同じです．

図1.8はTMDSの符号化プロセスです．実際の処理はもう少し複雑です．10ビットに符号化するためのプロセスは，大きく2ステップに分かれています．

● ステップ1：ビット変化の最小化

図のように演算結果と元のデータの次のビットとXOR，またはXNORを順番に繰り返します．9ビット目にはXORであれば"0"が，XNORであれば"1"がセットされます．どちらの演算を使用するかは，データの中の"1"の個数などに応じて切り替えます．

● ステップ2：DCバランス

ランニング・ディスパリティを行い，前データと現データの"0"と"1"の個数に応じてビット・パターンを反転します．その際に10ビット目が"1"か"0"

かが決まります．

■ 1.2.6 シリアライザ

パラレル状態の符号化されたデータをクロック・タイミング（データ・レート）に基づきシリアル化するのがシリアライザです．例えば2.5Gbpsのインターフェースの場合，並列10ビットのデータを250MHzで入力し，クロック2.5GHzで2.5Gbpsにシリアル化して出力します．

■ 1.2.7 ドライバ

ドライバは，シリアル・データに応じて伝送路を電気的に駆動します．今日では，ほとんどの高速インターフェースで差動伝送が使用されます．

■ 1.2.8 差動伝送

お互いの位相関係が反転した2本の線路で信号を差動伝送化することで，ノイズに強く，高速化しても小信号振幅化により消費電力を抑制，EMIを低減化を実現しています．差動伝送の特徴として，下記があげられます．

- 同相成分はキャンセルされるので外来ノイズ（コモン・モード・ノイズ）に強い
- 電磁界が打ち消し合うため，EMIを抑制できる．
- 受信側の合成成分は2倍になるため信号振幅を半分（小振幅）にできる．
- 信号振幅が小さく，互いに逆に動作するため，同時スイッチング・ノイズが小さい．
- 差動インピーダンスやコモン・モード・インピーダンスを意識した基板設計と配線が必要である．

差動伝送は古くからECL（Emitter Coupled Logic）やEIA-422（旧称RS-422）などで使われてきました．

特集　はじめての高速シリアルI/F測定

```
q_m[0] = D[0];
q_m[1] = q_m[0] XOR D[1];
q_m[2] = q_m[1] XOR D[2];
      :
q_m[7] = q_m[6] XOR D[7];
q_m[8] = 1;
```
(a) XOR

```
q_m[0] = D[0];
q_m[1] = q_m[0] XNOR D[1];
q_m[2] = q_m[1] XNOR D[2];
      :
q_m[7] = q_m[6] XNOR D[7];
q_m[8] = 0;
```
(b) XNOR

〈図1.8〉TMDSの符号化プロセスの概要（実際の処理はもっと複雑）

ただし，D[0:7]：変換前のデータ，q_m[0:8]：変換後のデータ

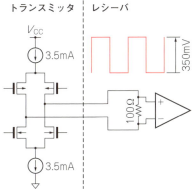

〈図1.9〉差動伝送回路その1：LVDSの回路構成

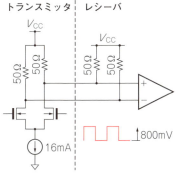

〈図1.10〉差動伝送回路その2：CMLの回路構成

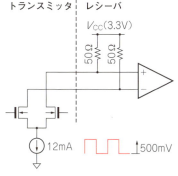

〈図1.11〉差動伝送回路その3：TMDSの回路構成

今日利用されている代表的な差動伝送の回路としては，LVDS，CML，TMDSがあります．

● **LVDS**(Low Voltage Differential Signaling)

LVDSはANSI/TIA/EIA-644-A規格として標準化されたインターフェースで，図1.9のような回路構成です．トランスミッタは3.5 mAをドライブし，レシーバ端に設けた一般的に100 Ωの終端抵抗両端に生じる電位差350 mVを検出します．

ECLやLV-CMOSの置き換えなど，さまざまな分野で使用されていますが，ビデオ周辺機器に関する業界標準化団体であるVESA(Video Electronics Standards Association)がLVDSをLCDパネルの内部接続規格として標準化した結果，ノート・パソコン，液晶モニタ，平面パネルで広く普及しました．ただし，今日ではパネル内では高精細化およびより低消費電力化に伴い，より信号レベルを下げたMini-LVDSなどに移行しています．推奨最大データ・レートは655 Mbpsです．

小振幅差動信号のことを一般的にLVDSと呼ぶ場合がありますが，ここでいうものとは別物です．

● **CML**(Current Mode Logic)

CMLは図1.10のような構成です．LVDSに比べて信号振幅を800 mV程度に高めた結果，電流も16 mA程度（両端の抵抗が各々50 Ωで片側400 mVとした場合）流す構成にすることで，エッジ・レートを上げ，LVDSに比べて高速化を可能にしたインターフェースで，多くの規格で採用されています．終端抵抗を伝送路両端に配置することで反射を抑えるようにしています．両端をV_{CC}にプルアップ（終端抵抗と兼用）するために，V_{CC}の制約を受けますが，AC結合化することで，制約がないインターフェースも多くあります．

● **TMDS**

符号化でも説明したTMDSは，Silicon Image社（現ラティス・セミコンダクター社）がPanelLinkで採用し，その後はDVIやHDMIに継承された技術です．

図1.11のようにトランスミッタがレシーバから電流をシンクする回路形式になっています．最近ではAC結合も多く見受けられます．

■ **1.2.9 レシーバ検出**

USB3.xやPCI Expressでは，パルスを周期的に送信し，終端時と開放時との立ち上がり時間変化からレシーバ接続を検出する回路を備えています．

1.3 レシーバ・ブロックとその技術

レシーバ・ブロックはトランスミッタから送信されてきたシリアル・データを受信し，データを上位層に

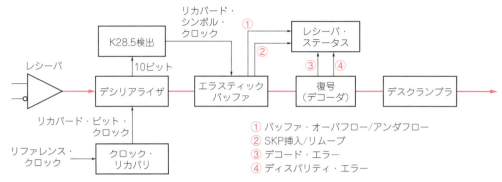

〈図1.12〉レシーバ・ブロック（PCI Express 2.5 Gbps/5 Gbps や USB3.2 5 Gbps の例）

〈図1.13〉クロック・リカバリ機能回路の構成例

受け渡す枠割を担います．

図1.12はPCI Express（2.5 Gbps/5 Gbps）やUSB3.2（5 Gbps）のレシーバ・ブロックの例です．

■ 1.3.1 クロック・リカバリ

図1.13はクロック・リカバリ機能ブロックの例です．

前述のように，多くのインターフェースでは，受信側でデータに対して周波数と位相を同期したクロックを得ることで，スキュー問題を解決します．ここでは，PLLを使い，シリアル・データに対して同期したクロックをリカバリ（復元，再生）します．その後，リカバリされたクロックでデータを得ます．両者を合わせて「クロック・データ・リカバリ」（CDR）とも呼びます．

受信特性はPLLの特性によって左右されます．例えばアナログ方式のPLLは，周波数や位相差を電圧または電流に変換し，VCO（電圧制御オシレータ）に入力することで，周波数や位相を制御しますが，PLLの追従特性が高過ぎると，ノイズなどによりエラーが増えてしまいます．そこでローパス・フィルタにより，ノイズによる感度を下げています．その結果，低周波に対しては通過し，追従するように動作しますが，高周波に対しては遮断されるため，追従しないように動作します．つまり低周波成分に対しては大きなジッタを許容できる反面，高周波に対しては許容できるジッタが小さくなります．このようにジッタの周波数成分に対して伝達特性を持つことになります．

● クロック・データ・リカバリのジッタ伝達関数とジッタ特性

ジッタの影響はPLLの入力と出力間のジッタ伝達関数で表現されます．

図1.14はクロック・データ・リカバリのジッタ伝達関数で，図1.15はそのジッタ特性です．下記のような特徴があります．

▶ループ帯域以下のジッタ成分に追従

これによりジッタは吸収されます．つまり入力信号の持つ揺らぎと同じ揺らぎを持ったクロックを生成します．その結果，入力データとリカバリされたクロックとの相対的な関係は維持されたままとなり，見掛け上，ジッタが吸収されたことになります．

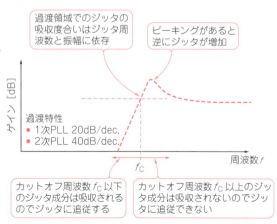

〈図1.14〉ジッタ伝達関数：どこまでジッタを通すか？

特集 はじめての高速シリアルI/F測定

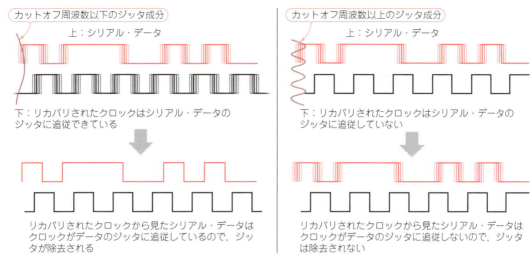

〈図1.15〉クロック・データ・リカバリのジッタ特性

▶ループ帯域以上のジッタ成分に追従できない

この場合，ジッタは吸収されません．つまり入力信号が揺らぎを持つのに対し，揺らぎのないクロックを生成します．その結果，入力データはクロックに対して相対的に揺らぎを持つことになります．

▶PLLが特定の周波数にピーキングを持つと逆にジッタが増加

2次PLLは原理上，ピーキングを持ちます．このためピーキング特性は管理される必要があり，規格化されるインターフェースもあります．

▶リファレンス・クロックのジッタの影響も受ける

リファレンス・クロックはPLLを使ってデータ・レートまでクロックを逓倍しますが，そこで使用するPLLもまた上記のようなジッタ特性を持ちます．つまりPLLに入力されるリファレンス・クロックのジッタとジッタ伝達関数に応じて，ジッタの出方が変わります．なお，トランスミッタでもPLLを使用しており，同様なことが生じます．

● その他のPLL特性

▶ループ帯域

PLLのループ帯域は，広いジッタ周波数に対して追従する意味で広い方が良いように感じられますが，ループ帯域を広くとると，PLL自体（特にVCO）も含めてノイズの影響をそれだけ受けるようになります．その結果，リカバリされたクロック自身の持つランダム・ジッタが大きくなり，ジッタ・マージンが低下する恐れがあります．

PLLの特性は，規格によって規定されますが，それはコンプライアンス用のPLLの特性を規定したものです．同じクロック・リカバリ条件下で測定しないと結果が変わってしまう恐れがあります．ただ，ジッタ特性そのほかはこのPLLを基準として規定していますので，暗黙的に実際のPLLの特性を示したものになります．もし規格に指定がない場合，一般的には例えば2.5 Gbpsであれば1.5 MHz帯域というFibre Channelで規定されたデータ・レートの1/1667が使用され「ゴールデンPLL」として知られています．

▶データ遷移密度の影響

もう一つPLLの特性として考慮すべきがデータ遷移密度の影響です．データ遷移密度は受信されたデータが持つデータ変化の割合です．8B/10B符号を例にみると，1と0が1ビットごとに交互に現れるクロック・パターン（D10.2, D21.5）のときで100 %となります．逆に遷移密度が低いのは，K28.7の繰り返しで"1"，または"0"の5ビット継続で20 %となります．

PLLは入力信号に変化がないと，自分自身が生成したクロックと位相比較できません．データ遷移密度が低いということは，データが持つ周波数成分が低いことになり，ループ帯域は低下します．一方，遷移密度が高い場合は，データが持つ周波数成分が高くなり，ループ帯域が高くなります．これはデータ遷移密度によっては，ジッタ特性が変わることを意味します．つまり同じジッタ成分でも，吸収度合いが変わります．そのため，送信側でスクランブラによりデータを攪拌させ，データ遷移密度を上げる工夫をするのです．

■ 1.3.2 デシリアライザ/K28.5検出

クロック・リカバリで再生されたクロックを元に今度はシリアル・データをパラレル化します．この際，0と1が混在されたデータから，正しく元のパラレル・データに戻すためにはパターン・ロックが必要となります．

トランスミッタでシリアル化したデータと，レシーバでシリアル・データからパラレルにも戻す際にずれ

が生じると，正しいデータを取り出すことができません．そのため，連続的にパラレル化し，符号化によっても異なりますが，8B/10BではK28.5(COM)，128B/130Bと128B/132Bでは"00FF"データが繰り返される低周波パターンをパターン・ロックとして検出し，符号化列ビット数ごとにデータを並列に取り出します．

■ 1.3.3 デスクランブラ

トランスミッタから送られてきたデータはスクランブルされているので，デスクランブラで元データに戻します．

■ 1.3.4 デコーダ(復号化)

デコーダは符号化データを元のデータに戻し，その結果を上位層に渡します．複数レーンがある場合，さらにレーン間のスキューをそろえるバッファがあります．

■ 1.3.5 上位層とのインターフェース

この図にはありませんが，上位層とのインターフェースも，PCI ExpressやUSB3.2，SATAなどで共通に規定されているPIPE(Phy Interface for the PCI Express Architecture)のように規定している場合も多くあります．PIPEは規格団体ではなく，インテル社が規定している仕様ですが，標準的に使用されています．

1.4 高速シリアル・インターフェースの伝送路

伝送路は信号を伝送する媒体であり，電気伝送の場合はプリント基板やバックプレーンやケーブルなどです．光リンクの場合も，E/OコンバータとO/Eコンバータの前後は電気でインターフェースするので，同じように電気的伝送路を持ちます．

■ 1.4.1 高周波に対して損失が大きい伝送路

マルチギガ・ビット・レートの信号を基板やケーブルを通して伝送する場合の問題点は，高周波に対する損失が大きくなることです．

高周波損失の主要因は「抵抗損」と「誘電損」の二つです．図1.16[(2)]は基板の損失を表したものです．

抵抗損は，表皮効果としてよく知られる交流電流が周波数の上昇にしたがって導体内部を伝搬しなくなることによる損失で，基板パターン幅に反比例し，周波数に比例して増加します．

誘電損は，誘電体に電界を掛けた際に誘電体内部で発生する分極が，周波数の上昇に伴い，電界変化と分極変化にずれが生じて発生する損失で，$\tan\delta$で知られる静電正接と比誘電率ε_rの平方根に依存します．周波数に比例して増加するため，周波数が低いところではその影響は小さくとも，周波数が上昇するにつれて，顕在化してきます．

つまり周波数上昇に伴い，抵抗損と誘電損の双方が顕在化し，減衰が増加し，伝送路があたかもローパス・フィルタのように作用します．

■ 1.4.2 有損失伝送路ではシンボル間干渉が発生

有損失伝送路の特性は，図1.17の挿入損失(IL)^{Insertion Lose}で表現され，周波数軸上では低い周波数成分に比べて，高い周波数成分の振幅が低くなります．実際に伝送する信号はデータがパルス幅で表現され，しかもさまざまなパターンを持つ信号なので，その影響は周波数軸でみるよりも時間軸でみた方が簡単です．

時間的な応答特性でみると，このような伝送路では，高い周波数成分が大きく減衰するために，信号が1→0，または0→1と変化する場合，信号振幅が上昇するまで時間を要すようになります．このため，1または0が比較的長く継続，つまり広いパルス幅(低周波パターン)では信号振幅が❶のように上がり切りますが，短い場合，つまり狭いパルス幅(高周波パター

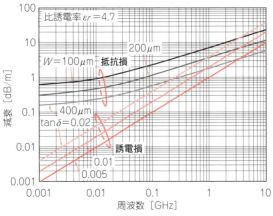

〈図1.16〉[(2)]プリント基板がもつ抵抗損と誘電損

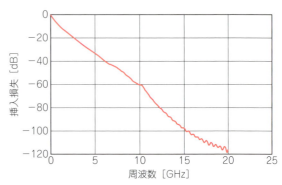

〈図1.17〉ある伝送路の挿入損失の周波数特性

ン)では上がり切りません．図1.18では❶以外のすべてのパルスが該当します．

幅が広いパルスの後に，逆方向に幅が狭いパルスが出現した際には，信号振幅が上がり切らない間に，幅が狭いパルスが出現し，❷のように元の向きへ戻されます．この結果，前のパターンの影響を引きずったような形になり，信号に区間❸のようなうねりが生じます．このうねりは，スレッショルド点でみた場合，単にレベル変動だけではなく，パルス幅の変動(エッジ位置の時間軸方向への揺らぎ)が生じ，結果としてアイ・パターンのアイを狭めることになります．この例ではスレッショルドを越えないパルスもあります．

これらの現象を「シンボル間干渉」(ISI)と呼びます．伝送路では，単純に周波数軸上での損失がアイの開きぐあいに比例しない点に注意する必要があります．その理由がこのシンボル間干渉です．実際の周波数特性以上にアイが閉じてしまいます．この現象は，図1.19に示すように，伝送路線路長が長くなるにつれて損失が大きくなるので，影響が顕著になります．また，同じ伝送路線路長であれば，図1.20に示すように，データ・レートが高くなるにつれて顕在化します．

■ 1.4.3 有損失伝送路のインパルス応答

シンボル間干渉が生じるようすは，時間軸上のインパルス応答でみるとより理解できます．

図1.21は有損失伝送路のインパルス応答を模式的に表したものです．

インパルス応答とは，幅0で振幅が無限大の面積1となるインパルス(デルタ関数)を伝送系に加えた際の応答特性です．入力のインパルスにはDCから∞までのすべての周波数成分が均一に含まれています．したがって，インパルス応答は伝送系の周波数特性が反映された形になります．ここで説明しているような周波数帯域が限定された伝送路のインパルス応答は，全体のレベルが下がり，時間軸方向に広がったパルスになります．以下簡略化して説明します．

信号はインパルス応答の連続的な畳み込みで表現で

(a)30cm

(b)60cm

(c)100cm

(d)140cm

(e)180cm

(f)240cm

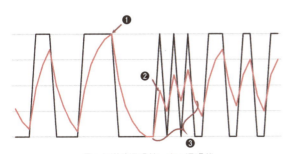

黒：伝送路通過前，赤：通過後

〈図1.18〉伝送路の損失の影響を受けた波形(シンボル間干渉)

〈図1.19〉伝送線路長による波形の違い(2.5 Gbps，PRBS7；100 ps/div., 100 mV/div.；テクトロニクス社BSA12500ISI型ISIテスト基板)

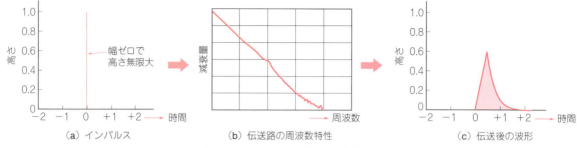

(a) インパルス　　(b) 伝送路の周波数特性　　(c) 伝送後の波形

〈図1.21〉有損失伝送路のインパルス応答

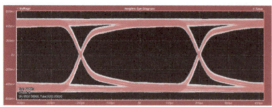

(a) 2.5Gbps(100ps/div.)

(b) 5Gbps(50ps/div.)

(c) 8Gbps(50ps/div.)

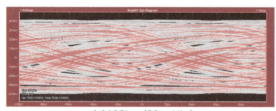

(d) 10Gbps(20ps/div.)

〈図1.20〉データ・レートによる波形の違い(トレース長1m, PRBS7：100mV/div., テクトロニクス社BSA12500ISI型テスト基板)

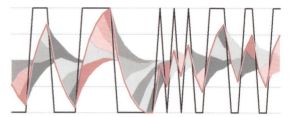

黒：通過前の信号，赤：通過後の信号

〈図1.22〉伝送路を通過した信号は，各インパルス応答が畳み込まれた結果となる

きます．信号自身は連続的なアナログ信号ですが，ディジタル・オシロスコープで一定時間ごとにサンプリングされた離散データとして捉えてみるとわかります．ここでは入力信号は一つ一つ独立したインパルスの連なりとなります．したがって，伝送路を通った信号は，伝送路のインパルス応答が各インパルスに対して連続的に畳み込まれることになります．

図1.22は伝送路を通過した信号が，各インパルス応答が畳み込まれた結果になるようすです．

ここで最長のパルスの影響は，後ろへ尾を引く，つまり影響が残ることがわかります．したがって直後に出現した幅の狭いパルスがこれらの成分の影響を受けます．これがシンボル間干渉です．

高周波損失を抑えるためには，誘電正接が小さい低損失材料を使用したり，ビアによる分岐配線化(スタブ)をなくすためにブラインド・ビアなどを使用しますが，コストが高くなり，民生品ではなかなか採用できません．多くの標準規格は，プリント基板材料として一般的なガラス・エポキシ樹脂(FR-4)を採用することを前提として規格を策定し，回路上の工夫を凝らします．

◆参考・引用＊文献◆
(1) A. X. Widmer, P. A. Franaszek; "A DC-Balanced, Partitioned-Block, 8B/10B Transmission Code", IBM Journal of Research and Development, Sept. 1983, Vol.27, Issue 5.
(2)＊碓井有三：「ボード設計者のための分布定数回路のすべて」, 201p., 自費出版, 2000年5月.

はたけやま・ひとし　テクトロニクス／ケースレーインスツルメンツ社 営業統括本部 営業技術統括部 シニア・テクニカル・エキスパート

第1章 Appendix

特集 はじめての高速シリアルI/F測定

USB, PCI Express, Ethernet
高速シリアル・インターフェースのおさらい

畑山 仁
Hitoshi Hatakeyama

　高速シリアル・インターフェースには，ディスプレイ・インターフェースやモバイル機器向けインターフェースなど各種ありますが，代表的な3種類について，ざっとおさらいしておきましょう．

1 USB：ユニバーサル・シリアル・バス

● USB1.0, 1.1, 2.0

　USB(Universal Serial Bus)は，パソコンと外部周辺機器との接続用として，もっとも普及したインターフェースの一つです．パソコンのみならずディジタル家電機器にも広く普及されています．表1は規格の概要です．

　1996年にUSB-IF(USB Implementers Forum)から最初の規格が公開されました．当初はマウスやキーボードのPS/2コネクタの置き換えでしたが，フラッシュ・デバイスの台頭により，フロッピ・ディスクに代わるストレージ・メディアとしてUSBメモリが普及し，時代が必要とする高速化に対応しました．Low Speed(1.5Mbps)/Full-Speed(12Mbps)に加え，40倍高速化したHigh-Speed(480Mbps)がUSB2.0で追加されました．

● USB3.0, 3.1

　現時点でパソコンでの主流は2008年に規格が策定されたUSB3.0とその後策定されたUSB3.1 Gen1(5Gbps)です．5Gbpsの物理層は，USB2.0には手を加えずに完全に仕様と電気的特性が異なるPCI ExpressやSATAに類似した物理層の信号線と端子をケーブル/コネクタに別途追加したデュアル・バス・アーキテクチャで実現しました．表2に概要を示します．

　ホストに使用するStandard AはUSB2.0との互換性を備えています．それ以外のコネクタではデバイス側はUSB2.0ケーブルをUSB3.0デバイスに接続できますが，逆は挿すことができません．USB3.0はUSB2.0の上位のような番号の付け方をしていますが，USB3.0とUSB2.0は別の規格として策定され，USB規格では後方互換性のために，USB3.xはUSB2.0が必ず共存している必要があります．その結果，マウスやキーボードをはじめとする高速性が必要のないアプリケーションでは，従来からのデバイスやコンポーネントそのほかをそのまま利用できます．実際にUSB2.0は2000年に規格化された後，大きな変更がなく今日に至っています．

〈表1〉USB1.0, 1.1, 2.0規格の概要

規格バージョン	USB1.0/1.1 [※1]		USB2.0
規格策定時期	1996年1月		2000年4月
名称	LS：Low-Speed	FS：Full-Speed	HS：High-Speed
データ・レート(1レーン)	1.5 Mbps	12 Mbps	480 Mbps
データ信号(差動)			
D+/D-	2本		
SSTx+/SSTx-, SSRx+/SSRx-	(なし)		
通信方式	半二重による双方向		
符号化	NRZI(Non-Return to Zero Inversion) +ビット・スタッフィング [※2]		
ケーブル長	3 m (18 ns遅延)	5 m(26 ns遅延)，タイプCでは4 m	
Txイコライザ	なし		
Rxイコライザ	なし		
後方互換性	あり		
コネクタ	タイプA，タイプB，タイプC，ミニB， マイクロA，マイクロB		
最大給電能力	2.5 W，100 W(USB PD)		

注▶※1：現在USB1.0/1.1はUSB2.0規格に統一されている．
※2：Non Return to Zero Inversion："0"を送る時に状態を反転．"1"を送る時は保持．
ビット・スタッフィング："1"を6ビット送ったら反転する．

〈表2〉USB3.0, 3.1, 3.2規格などの概要

規格バージョン	USB3.0	USB3.1		USB3.2		USB4
		Gen1	Gen2	Gen1	Gen2	
規格策定時期	2008年11月	2013年7月		2017年9月		2019年内予定
名称	SS：SuperSpeed		SSP：SuperSpeed Plus	SuperSpeed USB	SuperSpeed USB 10 Gbps	SuperSpeed USB 20 Gbps	策定中
データ・レート(1レーン)	5 Gbps		10 Gbps	5 Gbps	10 Gbps	
データ信号(差動)						
D+/D-	2本(USB2.0)					
SSTx+/SSTx-, SSRx+/SSRx-	4本			×1：4本	×2：Type-C 8本	×1：4本	×2：Type-C 8本
通信方式	双対単方向※4			双対単方向※4		
符号化	8b/10b		128b/132b			
ケーブル長	3 m (6 dB@2.5 GHz, タイプA-マイクロBでは1 m, タイプCでは2 m)		1 m (6 dB@5 GHz)	USB3.1と同じ		策定中
Txイコライザ	ディエンファシス(2タップ)		ディエンファシス+プリシュート(3タップ)			
Rxイコライザ	CTLE		CTLE+1タップDFE			
後方互換性	あり※3					あり
コネクタ	タイプA, タイプB, タイプC, マイクロA, マイクロB, マイクロAB					タイプC
最大給電能力	4.5 W, 100 W (USB PD)			X1：4.5 W, X2：7.5 W, 100 W (USB PD)		100 W (USB PD)

注▶※3：後方互換性はデュアル・バスで実現．USB2.0(HS/FS/LSのうち最低一つ)をサポートすること．
※4：ダウン・リンク，アップ・リンクで専用の片方向通信路を持つ双対単方向伝送(デュアル・シンプレックス)

　USB3.0は当初，パソコンへ搭載するには，ホスト・コントローラ・チップを外付けする必要がありましたが，CPUやチップ・セットに標準搭載されるようになってから，パソコン標準でケーブル接続できる高性能のインターフェースとして本格普及しました．

　周辺機器との接続では，SSDやHDDなどの一つのアプリケーション接続用であれば，帯域は5 Gbpsで十分かもしれません．しかしながら，ドッキング・ステーションのように一つのインターフェースの先に，複数のデバイスやアプリケーションが接続されるような使い方では不十分です．さらに大容量化する一方のストレージ・デバイスのコンテンツを丸ごと転送するような用途では，高速性は生産性に直結します．そういったニーズに応えるために，従来からの5 GbpsをGen1とし，新たに10 Gbps Gen2を追加したUSB3.1が2013年7月にUSB-IFから規格化されました．5Gbpsの8B/10Bより符号化のオーバーヘッドが高効率な128B/130B符号化のシンク・ヘッダ2ビットを4ビット化し，1ビット・エラーがあったとしてもヘッダを認識可能にすることで，データ再送を不要にした128B/132B符号化を採用しています．10 Gbpsは5 Gbpsへの後方互換性を備えています．

　USB3.1 10 Gbpsは，USB3.0の初期同様に，当初はチップ・セットへ搭載されていませんでしたが，2018年第4四半期に発売開始されたインテル300シリーズ・チップ・セットCNL-PCHに集積され，パソコンにUSB3.1 Gen2/10 Gbpsを標準搭載できる時代を迎えました．

● タイプCコネクタ

　USBの歴史の中でセンセーショナルな出来事がUSBタイプCコネクタの策定です．従来，コネクタはそれぞれの通信規格に紐づけされ，規格で規定された信号の伝送や機能を実現すべく，規格ごとにさまざまな形状のコネクタが用意され，パソコンはそれらを装備したわけです．ところがUSBタイプCコネクタはUSB-IFで規格化されているものの，USBの枠を越えて，複数の規格間で共有利用するための統一コネクタとして規格化されました．実際にUSB3.2やUSB2.0と分けて規格化されています．

　USB3.0策定時にはUSB2.0とのデュアル・バス化にあたっては従来のコネクタに信号線と端子を追加したデザインだったわけですが，USBタイプCコネクタは，従来のデザインに捉われない完全な新設計となりました．

特集　はじめての高速シリアルI/F測定

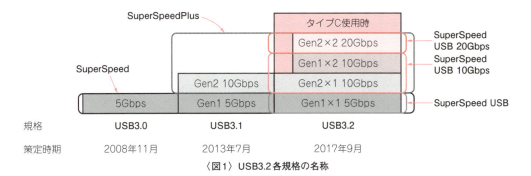

〈図1〉USB3.2各規格の名称

〈表3〉PCI Express規格の概要

規格バージョン[※1]	1.0/1.0a/1.1	2.0	3.0/3.1	4.0	5.0
データ・レート	2.5 Gbps	5 Gbps	8 Gbps	16 Gbps	32 Gbps
規格策定時期	2002年7月	2006年12月	2010年11月	2017年10月	
レーン数	\multicolumn{4}{c} 1, 2, 4, 8, 12, 16, 32 (CEM/ケーブル：1, 4, 8, 16, OCuLink：1, 2, 4)	
符号化		8b/10b		128b/130b	
想定チャネル					
基板伝送(Base Specification)		最長50 cm[※2]		最長30 cm[※3]	策定中
ケーブル (External Cable Specification)		最長7 m		−	
ケーブル(OCuLink)		1〜2 m			
イコライザ					
トランスミッタ		ディエンファシス(2タップ)		ディエンファシス ＋プリシュート(3タップ)	
レシーバ		未使用		CTLE ＋1タップDFE	CTLE ＋2タップDFE

注▶※1：下位の規格を含む．規格バージョンはデータ・レートを意味しない．
※2：コネクタが途中に入るCEM(Card Electrical Mechanical)規格では，マザーボード側30 cm，アドイン・カード11 cm
※3：1コネクタ，アドイン・カード10 cmを含む

● USB3.2

　USBタイプCコネクタの登場でUSB3.1は取り残された感がありました．USB3.1は使用する線路が上り下り1レーンのため，タイプCの高速差動線路リソースを半分しか活用できなかったからです．そこでこの線路をフルに利用する図1のような"×2"を2017年9月に発表したUSB3.2で策定し，データ転送レートを従来の2倍の20 Gbpsにしました．一方"Gen1×2"では5 Gbpsを2組使うことで，10 Gbps×1に相当する帯域を5 Gbps物理層，つまり2mケーブル長で実現できることが肝です(10 Gbpsでは1m)．もともと5 Gbps物理層を2組，つまり2本のケーブルを使って簡易的にデータ帯域幅を上げたシステムもあったぐらいなので，同様のことを1本のケーブルで実現できるようになったわけです．なお，従来の1レーンによるリンクは"×1"と呼び，レガシー・コネクタの使用では，USB3.1と変わりありません．

　ただし，これらGen1, Gen2, ×1, ×2という名称は，規格上の表現であり，外部的にはUSB 3.2 Gen1×1→ SuperSpeed USB，USB 3.2 Gen1×2/USB 3.2 Gen2×1→SuperSpeed USB 10 Gbps，USB 3.2 Gen2×2→SuperSpeed USB 20 Gbpsと表現するようになりました．さらにUSB 3.2 Gen1×1を超える規格を"SuperSpeedPlus"と表記していましたが，同様に規格上だけの表記になります．

　さらに2019年3月にはThunderbolt3と互換性を持つUSB4規格を策定中であり，年内にリリースするという発表がUSB-IFからありました．20 Gbps×2で40 Gbpsのデータ転送レートを持つことになります．ただし詳細については規格の発表を待つ必要があります．

❷ PCI Express

　PCI Expressは，2002年7月にパソコンとその周辺拡張用のPCIバスに置き換わる汎用インターコネクト技術として標準規格団体PCI-SIG(Peripheral Component Interconnect Special Interest Group)によって規格化され，今日でもっとも普及したインターフェースの一つとなっています．そのエコシステムの恩恵を被るべく，パソコンのみならず，多くの機器で標準的に採用され

〈表4〉おもなEthenet規格の概要

データ伝送速度	規格名称	通称	レーン数	メディア，伝送距離
1 Mbps	1BASE-5	802.3e	1	同軸：500 m
10 Mbps	10BASE-5	802.3	1	同軸：500 m
	10BASE-2	802.3a	1	同軸：195 m
	10BASE-36 (10BROAD-36)	802.3b	1	同軸：3600 m
	10BASE-T	802.3i	1	UTP
100 Mbps	100BASE-TX	802.3u	1	UTP Cat.5：100 m
	100BASE-FX		1	SMF：20 km
	100BASE-T1	802.3bw	1	車載UTP
	100BASE-T4	802.3u	4	UTP4ペア Cat.5：100 m
1 Gbps	1000BASE-LX	802.3z	1	SMF (1310 nm)：5 km
	1000BASE-SX		1	MMF (850 nm)：550 m
	1000BASE-CX		1	同軸：25 m
	1000BASE-T	802.3ab	4(全二重)	UTP Cat.5 100 m
	1000BASE-T1	802.3bp	1(全二重)	車載 UTP
2.5 Gbps	2.5GBASE-T	802.3bz	4 × 200MBd (PAM16)	Cat. 5e：100m
5 Gbps	5GBASE-T		4 × 400MBd (PAM16)	Cat. 6：100m
10 Gbps	10GBASE-KR	802.3ap	1 × 10.3125Gbps	バックプレーン
	10GBASE-LX4	802.3ae	4 × 3.125Gbps	1310 nm，8B10B，MMF：300 m，SMF：10 km
	10GBASE-SR		1 × 10.3125Gbps	850 nm，MMF：550 m
	10GBASE-LR			1310 nm，64B66B
	10GBASE-ER			1550 nm，64B66B
	10GBASE-CX4	802.3ak	4 × 3.125Gbps	同軸
	10GBASE-T	802.3an	4 × 800MBd (PAM16)	Cat. 8：30 m，Cat. 6：55m
25 Gbps	25GBASE-T	802.3bq	4 × 2000MBd (PAM16)	
40 Gbps	40GBASE-KR4	802.3ba	4 × 10.3125Gbps	Cat. 8：30 m，バックプレーン
	40GBASE-CR4			ツイナックス，7 m
	40GBASE-SR4			850 nm，OM3 MMF：100 m，OM4 MMF：125 m
	40GBASE-FR		1 × 41.25Gbps	1550 nm，SMF：2 km
	40GBASE-LR4		4 × 10.3125Gbps	1300 nm，SMF：10 km
	40GBASE-ER4			1300 nm，SMF：40 km
	40GBASE-T	802.3bq	4 × 3200MBd (PAM16)	Cat.8：30 m

注 ▶ (1) 50 Gbps, 100 Gbps, 200 Gbps, 400 Gbpsの標準規格は省略した．(2) MBd：Mega Baud, SMF：Single-Mode Fiber, MMF：Multi-Mode Fiber

るようになりました．

　表3はPCI Express規格の概要です．最初の世代は2.5 Gbpsで，その後5 Gbps，8 Gbpsと高速化を図ってきました．最新規格は2017年10月に公開された第4世代(16 Gbps)です．

　今日，PCI Expressは，CPUを中心にCPUとそのチップ・セットであるPCH(Platform Control Hub)，CPUやPCHが直接サポートしていないインターフェースへのブリッジ・チップ，拡張用などパソコン内部のDRAM以外のあらゆるデバイスとの接続で使用されています．

　PCI Expressの大きな用途の一つとしてCPUとグラフィック・カード間のデータのやりとりがあり，必要とされるデータ帯域を確保すべく，パソコン最大の16レーンで接続されていますが，今日ではグラフィック・プロセッサ(GPU)は，グラフィック・エンジンとしてだけでなく，シミュレーション，深層学習，AIなどでの演算用アクセラレータとしても使用されます．そこではデータ帯域がいくらあっても足りないといわれています．

　そういった背景もあり，第4世代の策定に続いて，第5世代32 Gbpsが2019年内の規格化を目指して策定作業が現在進んでいます．

　特徴として下記が挙げられます．

● スケーラブルなデータ・レート

　世代を追うごとに2.5 Gbps，5 Gbps，8 Gbps，16 Gbpsと高速化を図っています．世代間では後方互換性が確保されています．なお，すべてのPCI Expressデバイスは2.5 Gbpsで起動し，リンク・パートナ間でお互いサポートしている物理層のデータ・レ

特集　はじめての高速シリアルI/F測定

〈表5〉Ethernet用ツイスト・ペア系ケーブルのカテゴリと規格（伝送距離：100m）

カテゴリ	規定周波数帯域	10BASE-T	100BASE-TX	1000BASE-T	2.5GBASE-T	5GBASE-T	10GBASE-T
3	16 MHz	○	×	×	×	×	×
5	100 MHz	○	○	○	×	×	×
5e	100 MHz（伝搬遅延，遅延スキュー，リターン・ロスなどを追加規定）	○	○	○	○	×	×
6	250 MHz	○	○	○	○	○	○(55m)
6a	500 MHz	○	○	○	○	○	○
7	600 MHz	○	○	○	○	○	○

注▶○：使用可能，×：使用不可

ートをトレーニング・シーケンスで交換し合い，その後，レーンを一度落とし，最高のデータ・レートで再起動するようなからくりを導入しています．

● スケーラブルなレーン数

レーン幅として1，2，4，8，12，16，32が規定されていますが，CEM規格で規定されている1，4，8，16レーンが最も多く利用されています．

● 多彩なフォーム・ファクタ

コネクタ形状やピン配置，さらに基板であればその寸法も含めて「フォーム・ファクタ」と呼ばれます．SSDなどで採用されているM.2やU.2，拡張用に使用されるアドイン・カード（CEM）がその一例で，PCI-SIGで規格化されています．PCI-SIG以外にもさまざまな標準規格団体から支持されており，不揮発性ストレージ・メディアを接続するためのNVM ExpressやCPUとアクセラレータ間でキャッシュ・メモリを共有するためのCCIXのようにプロトコルを拡張している規格もあります．

3 Ethernet

表4はおもなEthernet規格の概要です．

Ethernetは，オフィスから家庭の近距離のLANは元より，都市内のMAN，さらに都市を越えて郊外，県外や国際間のWANまで取り込んで使用されている有線コンピュータ・ネットワーク規格です．近年では車載インターフェースにも利用されています．

Ethernetは，1970年代初頭にゼロックスのパロアルト研究所にて開発され特許登録されましたが，オープンな規格として開放し，さらに1980年にIEEEで「Ethernet 1.0規格」として公開されました．現在，普及しているのは，1982年に提案された「Ethernet 2.0規格」を基に，1983年にIEEE 802.3 CSMA /CDとして策定された仕様です．

多くのインターフェースでは，階層化されたプロトコル・スタックを持ちます．各階層は分離されているため，新旧の規格間で互換性があり，混在させても機能するようになっています．またそれゆえ，新しい規格が次々に登場し，進化しています．

特にEthernetは，業界共通のネットワーク標準によるマルチベンダでの相互運用性の確立を目指して策定されたOSI参照モデルを採用しています．OSI参照モデルは，ISO（国際標準化機構）とITU-T（国際電気通信連合電気通信標準化部門）により1982年に策定が開始されたプロトコル・スタック・モデルです．これゆえ物理層は規格によって異なり，電気のみならず光，さらに無線まで，電気も伝送媒体としてツイスト・ケーブルや同軸ケーブル，バックプレーン，単純な2値ならず多値伝送というように同じEthernetなのかと思えるほどさまざまな伝送方式が採用されています．

その中でもLANは，初期には同軸ケーブルによる接続で規格化されましたが，現在はRJ-45プラグで接続し，廉価で手軽に敷設できる4対のツイスト・ペア・ケーブルの規格であるxBASE-Tが最も多く使用されています．表5はツイスト・ペア系ケーブルのカテゴリと適用規格の一覧です．

はたけやま・ひとし　テクトロニクス／ケースレーインスツルメンツ社 営業統括本部 営業技術統括部 シニア・テクニカル・エキスパート

特集

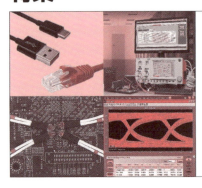

第2章 イコライゼーション, スペクトラム拡散クロック, 消費電力の抑制, リピータ

高速化へのチャレンジ

畑山 仁
Hitoshi Hatakeyama

データ・レートの高速化は, さまざまな技術的障壁との戦いになります.

2.1 有損失伝送路との戦い：イコライゼーション

データ・レートが高速化すると, 伝送線路がもつ損失の影響を受け, 受信端の信号振幅が減少します.

高速化実現の背景には, 誘電正接 ($\tan\delta$) など基板素材の特性改善のみならず, 基板などの設計／製造技術, 半導体のプロセスの微細化による高速動作もありますが, 伝送路の損失を補償するイコライザ技術の向上が実現したといっても過言ではないでしょう.

イコライザ技術には, トランスミッタ側で送信信号に対して適用する「トランスミッタ・イコライザ」とレシーバ側で受信した信号に適用する「レシーバ・イコライザ」があります.

■ 2.1.1 トランスミッタ・イコライザ

● ディエンファシスによって遷移ビットと非遷移ビットとのレベル差をなくす

トランスミッタ・イコライザとして基本的なのは, 図2.1の「ディエンファシス」です. 信号の0→1, 1→0というビット変化部分は「遷移ビット」とか「カーソル」とも呼ばれ, 周波数的に高い成分を持つため, 0→0, 1→1と同じビットが継続する「非遷移ビット」（ポスト・カーソルとも呼ぶ）に比べて損失が多くなります. そのため低周波成分の信号レベルを下げることで, 相対的に遷移ビットを強調し, 受信端に到来した遷移ビットと非遷移ビットとのレベル差をなくします.

逆に遷移ビットの信号レベルを非遷移ビットの信号レベルより持ち上げるのを「プリエンファシス」という場合がありますが, FM放送のように送信側であらかじめ補償するという意味であり, ディエンファシスでありながら「プリエンファシス」と称する場合もあります. 狙いはディエンファシスと一緒です. 混在して使用されています.

基本的なディエンファシスは, 上記のように2ビット間での制御で2タップですが, 伝送路の周波数損失に応じてパターンごとに信号レベルを制御するのが理想です. そのため高速化に伴い, 図2.2のように3ビット間, つまり遷移ビットの一つ前のビット（プリカーソル）の信号レベルも制御したり（プリシュート）, 細かく信号レベルを制御する3タップも使われます.

ディエンファシス量を一定値に指定している規格もありますが, 例えばPCI Express (8Gbps)のように伝送路に合わせて細かく調整できる規格もあります. 代表的な規格例を表2.1に挙げます.

● ディエンファシスの効果

実際のディエンファシスの効果を見てみましょう. まず図2.3は周波数特性で見たトランスミッタ・イコ

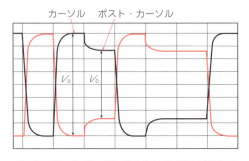

(a) ブロック・ダイヤグラム

現在の信号を C_0 で重み付けし, C_{+1} で重み付けした1UI手前の信号と加算する. C_{+1} の係数をマイナスにすることで反転し, 同じビットなら振幅が下がる

(b) カーソルとポスト・カーソル

パターン遷移後ビットであるカーソルが最大振幅 V_a となり, ポスト・カーソル以降のパターン非遷移ビットの振幅が V_b に下がる（ディエンファシス）

〈図2.1〉トランスミッタ・イコライザによるディエンファシス（2タップ）

特集 はじめての高速シリアルI/F測定

ライザの効果です．図(a)の周波数特性を持つ伝送路（トレース長140 cmの基板）に対して，5 Gbps信号に3.5 dBのディエンファシスを適用した例です．ディエンファシスは受信端での周波数がより高い遷移ビットのレベルと，周波数がより低い損失の少ない非遷移ビットのレベル間の差を少なくすることが目的で図(b)のような特性を持ちます．その結果，図(c)のような特性を持つことになります．

図2.4は上記伝送路でディエンファシスなしで伝送したとき，図2.5はディエンファシスを適用した際のアイ・ダイヤグラムです．受信した信号の品質が改善されていることがアイ・ダイヤグラムから判断できます．受信端の信号振幅は遷移ビットの損失量＋伝送損失分下がります．ということは伝送線路が長くなる，またはデータ・レートが上がれば受信端振幅が下がることになります．

■ 2.1.2 レシーバ・イコライザ

送信側で施される信号改善方法であるディエンファシスに対し，受信側で施される信号改善がレシーバ・イコライザです．

レシーバ・イコライザの基本的な考え方は，伝送路の周波数特性による損失を受信側で補うものであり，とくに新しい技術ではありません．しかしながら最近のデータ・レートの高速化に伴い，積極的に使用する傾向にあります．

● CTLEとDFE

レシーバ・イコライザには大きく分けて図2.6の2種類があります．

▶CTLE（Continuous Time Linear Equalizer：連続時間線形イコライザ）

アナログ的にハイパス・フィルタとローパス・フィルタを組み合わせて実現され，時間軸上で連続的に動

〈図2.2〉トランスミッタ・イコライザによるディエンファシス（3タップ）

ディエンファシス ：$20 \log_{10}(V_b/V_a)$
プリシュート ：$20 \log_{10}(V_c/V_b)$
ブースト ：$20 \log_{10}(V_d/V_b)$

〈表2.1〉高速シリアル・インターフェース規格で採用されているディエンファシス例

規格	符号化	ディエンファシス
PCI Express	2.5 Gbps	3.5 dB
	5 Gbps	3.5 dB，6 dB
USB3.2 5 Gbps	5 Gbps	3.5 dB

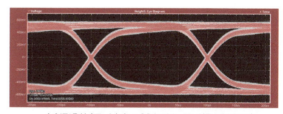

(a) 通過前（アイ高さ：804 mV，アイ幅：190 ps）

(b) 通過後（アイ高さ：48 mV，アイ幅：54 ps）

〈図2.4〉USB3.2（5 Gbps, CP0パターン）信号を長さ140 cmの基板に通したときの信号劣化（テクトロニクス社BSA12500ISI型ISIテスト基板）

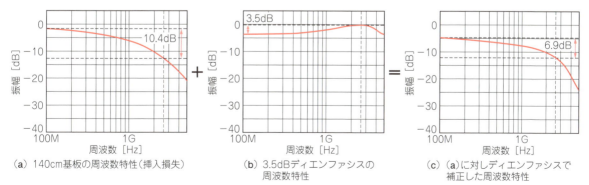

〈図2.3〉周波数特性で見たトランスミッタ・イコライザの効果（数値は2.5 GHzと100 MHzとの差分）

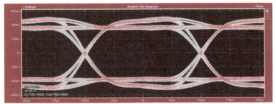

(a) 140cm基板を通過前（アイ高さ：654 mV, アイ幅：188 ps）

(b) 140cm基板を通過後（アイ高さ：170 mV, アイ幅：125 ps）

〈図2.5〉図2.4の信号にディエンファシスを適用したときの効果

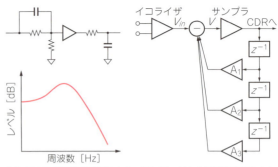

(a) アナログ回路で実現された　(b) ディジタル回路で実現された
　　リニア・イコライザ（CTLE）　　判定帰還型イコライザ（DFE）

〈図2.6〉代表的な2種類のレシーバ・イコライザ

作します．単にハイパス・フィルタだけではノイズを増強してしまうため，ローパス・フィルタを組み合わせて高域成分を減衰させます．

▶ DFE（Decision Feedback Equalizer：判定帰還型イコライザ）

　CTLEは高域成分をブーストする場合，ノイズ成分を強めてしまいます．そこでブーストするのではなく，データ・パターンや遷移状況に応じて信号に対して適正化したオフセット（プラス方向のみならずマイナス方向も）を加え，アイを開くように動作します．ノイズを増強せず，より効果的に補償することが可能です．UI単位，またはUIの分数比でより細かく動作するタイプなどがあります．

　従来，DFEは回路規模や消費電力が大きくなるため，実装上問題となりましたが，低電圧化や微細加工プロセス技術の進歩に伴い，導入するようになりました．高速化に伴い，まずCTLEを導入し，更なる高速化に対してDFEを併用します．DFEでは，1/0判定用にアイがある程度開いている必要があるので，CTLEを併用します．この場合のCTLEは，アイがある程度開きさえすれば良いので，CTLEのみの場合に比較して高域ブースト量が抑えられている（低域を抑制する方向に作用する）のが一般的です．

● イコライザの効果

　実際のレシーバ・イコライザ（CTLE）の効果を見てみましょう．図2.7は周波数特性で見たレシーバ・イコライザの効果です．

　図(a)は3.5 dBディエンファシスを適用する前後の伝送路（180 cmトレース長基板）の周波数特性です．信号はディエンファシスの効果で使用したのと同じ5 Gbpsです．

　図(b)のイコライザはUSB3.2（5 Gbps）で規定されているテストの際に併用するリファレンス・イコライザの特性です．DCを3.5 dB減衰する一方，2.5 GHz付近を3 dB近くブーストします．その結果，伝送路は図(a)に比較して全体の減衰は増えるものの，かなり平たんな図(c)のような特性を持つことになります．

　図2.8は，上記伝送路でレシーバ・イコライザなしと適用した際を比較したアイ・ダイヤグラムです．

2.2 EMIの抑制：スペクトラム拡散クロック

2.2.1 スペクトラム拡散クロックの目的

　EMIはほかの電子機器動作に影響を与える恐れがあることからCISPR（Comité International Spécial des Perturbations Radioélectriques）など，さまざまな規格によって制限を受けます．EMIは機構設計に大きく依存しますが，単一周波数のクロックでは，その周波数と高調波成分での輻射が大きくなり，EMI上に影響します．そのため，回路面からクロックのスペクトラム上の周波数成分の分布を拡散することで，EMIを低減できる手法の一つとして「スペクトラム拡散クロック」（SSC）が利用されています．言わばクロックに管理したジッタを持たせています．なお，スペクトラム拡散クロックを発生するオシレータをSSCG（Spread Spectrum Clock Generator）と呼びます．

　SSCの代表的な例はパソコンに見ることができます．たとえば100 MHzに対して30～33 μs（30～33 kHz）周期で0～-5000ppm程度周波数が偏移するように周波数変調させたクロックが使用されます．図2.9はSSC適用の有無によるスペクトルの違いです．

2.2.2 周波数偏移プロファイル

　スペクトラム拡散では，図2.10に示すようなさまざまな周波数偏移の形状（プロファイル）が考案/実用化されており，代表的な例として，三角波，ハーシー・キッス（Hershey Kiss）やシャーク・フィン（Shark

特集 はじめての高速シリアルI/F測定

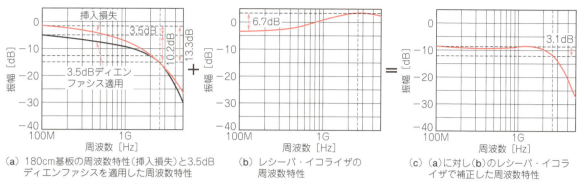

(a) 180cm基板の周波数特性（挿入損失）と3.5dBディエンファシスを適用した周波数特性

(b) レシーバ・イコライザの周波数特性

(c) (a)に対し(b)のレシーバ・イコライザで補正した周波数特性

〈図2.7〉周波数特性で見たレシーバ・イコライザの効果（数値は2.5 GHzと100 MHzの差分）

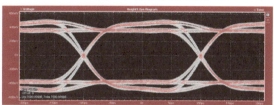

(a) トランスミッタ波形（3.5dBディエンファシス付き，アイ高さ：654 mV，アイ幅：188 ps）

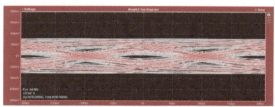

(b) レシーバ・イコライザなし（アイ高さ：50 mV，アイ幅：72 ps）

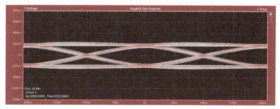

(c) レシーバ・イコライザ適用（アイ高さ：283 mV，アイ幅：164 ps）

〈図2.8〉アイ・ダイヤグラムで見たレシーバ・イコライザの効果（USB3.2 5 GbpsのCP0パターン，テクトロニクス社BSA12500型ISIテスト基板の長さ180 cm）

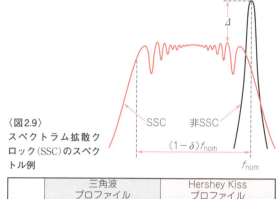

〈図2.9〉スペクトラム拡散クロック（SSC）のスペクトル例

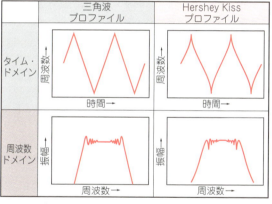

〈図2.10〉SSCで使われる変調プロファイル

Fin：フカヒレ）があります．周波数偏移形状により，スペクトラム分布が変わります．Hershey Kissは周波数軸上でエネルギーが偏り無く分散されるので，トップが平坦になります．

スペクトラム拡散クロックを併用したインターフェースでは，クロックの周波数変動に沿って，送信データ・レートが変動します．したがって送信側と受信側で別々のクロック・オシレータを使用すると，双方の周波数がずれることになり，データの過不足が発生します．そのため，PCI Express，USB3.x，SATAなどでは，あらかじめSkipやAlignと呼ばれるダミーのデータを規定し，一定周期ごとに一定数転送データ内に挿入し，受信側のバッファ（エラスティック・バッファ）の中でデータを挿抜することで調整するようなからくりを設けています．なお，エラスティック・バッファのサイズは，スペクトラム拡散クロックの周期と偏移範囲から規格で決めており，もし規格外のスペクトラム拡散クロックの場合，データの過不足が発生し，相互運用性で障害が生じるケースもあります．

通常，スペクトラム拡散クロックはクロックの周波数は，図2.11に示したように規定周波数f_Cを最高とし，それ以下に変化するダウン・スプレッドが採用されています．規定周波数を中心として上下に変化するセンタ・スプレッドや，規定周波数が最低でそれ以上に変化するアッパ・スプレッドでは，双方ともクロック周

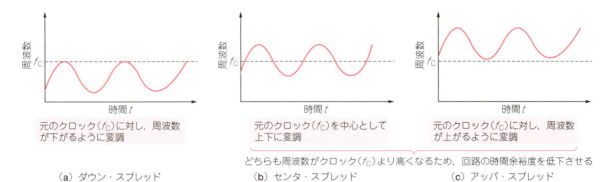

(a) ダウン・スプレッド　　(b) センタ・スプレッド　　(c) アッパ・スプレッド

〈図2.11〉SSCの変調方向と周波数の関係

波数やデータ・レートが規定よりも高くなり，上記問題を引き起こす原因となるので注意が必要です．したがってスペクトラム拡散クロックは厳格に管理される必要があります．

2.3 消費電力の抑制

消費電力の抑制は，モバイル機器のバッテリ動作時間を長くしたいという要求のみならず，Energy StarやEC ErPのように省エネルギーに対する国際的に共通な取り組みとなっています．そのためインターフェースも節電化に対応する必要があります．

前述したように，受信側のPLLで周波数/位相同期したクロックを生成する伝送方式では，受信データが停止してしまうと，PLLが再度同期を掛けられるまでにある程度の時間を要します．そのため，停止後にいきなりデータを送っても，データを取りこぼしてしまう可能性があります．そこで復帰するまでの間，ダミーのデータを送ります．

その他に低消費電力化を図るため下記のような工夫があります．

- 給電を段階的に停止させる低電力モード

  USBやPCI Expressでは，停止期間に応じて，例えばPLLの給電有無など，回路に対する給電を段階的に停止させる低電力モードを用意しています．

- 最適データ・レートやレーン数に切り換える

  PCI Expressでは，その時点で必要なデータ帯域に合わせて，データ・レートを落としたりレーン数を減らしたりします．

- データ・レート低減に加えて終端抵抗を切り離す

  MIPI D-PHYやM-PHYなどでは，データ・レートを落とすとともに，終端を非終端に切り替え，終端抵抗による電力消費をなくします．

2.4 リピータ

最近の傾向は，後方互換性の必要性からできるだけ従来と同じ伝送路/伝送距離を維持しつつ，より高速化を図らないといけないことです．さらに高集積化により，基板上での伝送路距離が長くなる例もあります．

前述したように，高速化に伴ってトランスミッタおよびレシーバにイコライザを併用しましたが，更なる高速化は伝送路から受ける損失が多くなり，ISIが過多になり，正常に伝送できないケースが生じます．そのため，USB3.2やPCI Express(16 Gbps)などの規格では，信号を整えるコンディショナである「リピータ」を伝送路の途中に入れるケースが増えてきています．

リピータには汎用製品もありますが，最近はプロトコルに沿ってレシーバおよびトランスミッタ，イコライザが実現され，搭載されることが要求されています．この意味はレシーバからリピータを見た場合，本来のトランスミッタと同じでなければならず，例えばイコライザ・リンク・トレーニングを持つ規格では，本来のトランスミッタと同様にリピータのトランスミッタとの間で実施されないといけません．またレシーバ検出を備えた規格では，最遠端のレシーバが接続されない限り，本来のトランスミッタから見た場合，リピータが接続されていたとしても，レシーバが接続されていないようにしておく必要があります(内部終端をOFFしておく)．

リピータには，リタイマとリドライバがあります．さらにリタイマは，SRISリタイマとビット・レベル・リタイマがあります．

これらを図2.12に示します．なお，ここでの分類方法はUSB3.2を元にしています．

■ 2.4.1 ビット・レベル・リタイマ

図2.13に示すビット・レベル・リタイマは，ローカル・クロックを持たずに，データに対して遅延を持ったクロックをPLLまたはDLL(Digital Locked Loop)で生成し，そのクロックでデータを再生し，再送信します．クロックを乗せ替えずにジッタ成分を減衰させたクロックで駆動するため，FIFOはありますが，周波数差を吸収するエラスティック・バッファが

特集　はじめての高速シリアルI/F測定

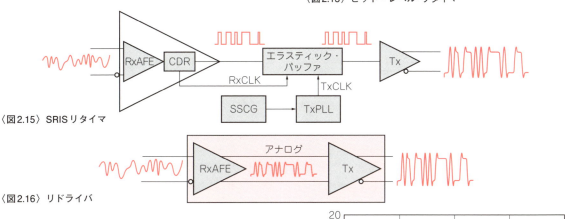

注▶ SRIS：Separate Ref-clock Independent SSC，BLR：Bit-Level Retimer

〈図2.12〉リピータの分類

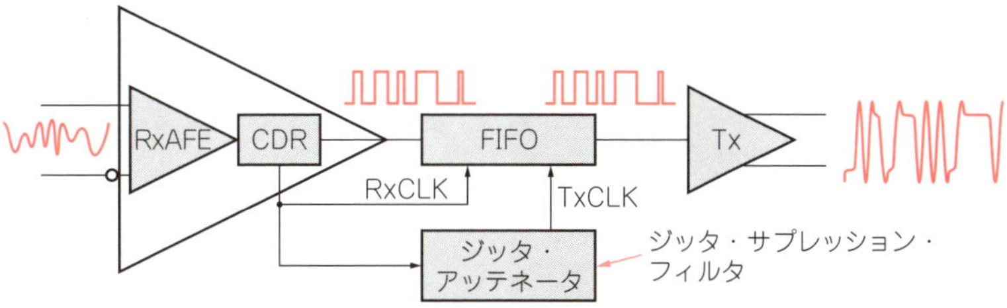

〈図2.13〉ビット・レベル・リタイマ

〈図2.15〉SRISリタイマ

〈図2.16〉リドライバ

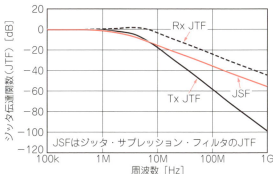

〈図2.14〉ビット・レベル・リタイマのジッタ伝達関数

必要ありません．したがってSRISリタイマに比べて構造が簡単であり，レイテンシも低くなります．

一方，クロックを生成する際に，前段のジッタの吸収が限定的であり，後段にジッタが伝達されます．とくに低周波ジッタに関しては，図2.14にあるように再生されたクロックが低周波ジッタに対して追従するためそのまま伝達することになります．

■ 2.4.2 SRISリタイマ

図2.15のSRISリタイマは，通常のUSB3.2のRx/Txとまったく同じ構造です．つまりイコライザを通してデータをCDRで再生した後に，ローカルのSSCリファレンス・クロックを元にしてデータを再送信します．クロックを完全に乗せ替えるため，前段のジッタをキャンセルできます．さらに通常のリンクのレシーバと等価なので，二つの想定最長伝送路のリンクを縦列接続することが可能です．

一方，受信と送信の周波数差が生じるため，周波数差補償用のエラスティック・バッファが必要です．それゆえレイテンシが大きくなります．また周波数差補償用のデータ（例：スキップ・オーダード・セット）も使用する段数に合わせて増やす必要があります．

■ 2.4.3 リドライバ

リドライバ（図2.16）は伝送路で受けたISIをキャンセルし，増幅し，再送信することで伝送路を延長します．

リタイムしないためCDRがなく，構造が簡単であり，リタイマよりも廉価です．さらに遅延はデバイスの持つアナログ的な遅延時間だけです．

しかしながらジッタに関してはISI以外のジッタがキャンセルされず，後段に伝達されます．また再送信のトランスミッタとして必要なアイを確保するためには，損失量が限定されてしまいます．

最近のリタイマを入れる規格では，レシーバ・イコライザをトレーニングする規定がなく，設計仕様に合わせて設計者がチューニングする必要があります．その結果，かえってジッタを増加させ，レシーバのジッタ耐性を下げる可能性もあります．

はたけやま・ひとし　テクトロニクス/ケースレーインスツルメンツ社 営業統括本部 営業技術統括部 シニア・テクニカル・エキスパート

特集

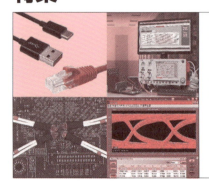

第3章 基本はBER，アイ・ダイヤグラム
とマスク，ジッタとノイズなどの考察

高速シリアルI/Fの標準的な評価手段

畑山 仁
Hitoshi Hatakeyama

3.1 基本的な考え方：ビット・エラー・レートが基準

　高速シリアル・インターフェース規格の仕様を見た場合にほとんどの仕様，例えばこれから紹介するアイ幅やジッタ量は，すべてビットあたりのエラー率である"BER"を基準に決められています．これはビット・エラー・レートであり，ビット・エラー・レシオとも呼ばれます．
　ビット・エラー・レートとは，転送したデータに対し，何個エラーが発生したかを表した比率です．物理層の相互運用性は，ある特定のビット・エラー・レート以下で転送できるかどうかが基準となっています．規格にも依りますが，多くの規格はBERが10^{-12}，つまり1兆ビットの転送に対し，1個のエラー許容を基準とします．ビット・エラー・レートを基準とする理由は，伝送路系にあるジッタとノイズの存在です．ただし，影響の出方はデータ・レートや伝送方法に大きく依存します．

3.2 アイ・ダイヤグラム

　シリアル・インターフェースの伝送特性を表す要素には下記のようなものがあげられます．

- 信号レベル（マージン）
- 立ち上がり時間，立ち下がり時間
- オーバシュート，アンダーシュート，
- リンギング（リングバック）
- デューティ・サイクル
- UI（ユニット・インターバル）
- ジッタ，ノイズ

　これらを総合的に表現できるということで，シミュレーション評価やオシロスコープによる測定で使われているのが図3.1の「アイ・ダイヤグラム」です．1ビットごとの信号の遷移や非遷移状態を切り出して重ね合わせた表示で，「目」のような形状になることからその名があります．
　アイが明瞭に開いていれば，ノイズやジッタに対する耐性が増加し，受信特性も良好になります．しかしながら，アイのトップやベース部分が太くなったり，遷移部分が広くなったり，つまりアイの開き方が不明瞭になってくると，受信特性が悪化することは直感的に理解できると思います．実際にアイの開き具合は，ビット・エラー・レートと相関があります．
　図3.2は図3.1のリカバリ・クロックやリカバリ・データを示しています．ここで重要なことは，アイ・ダイヤグラムの基準点（例えばオシロスコープであればトリガとなる点）は，データではなく再生されたクロックが基準であるということです．
　図3.3はアイ・ダイヤグラム描画の原理です．アイ・ダイヤグラムの表示方法として，以前はリファレンス・クロックやハードウェア・クロック・リカバリ回路でリカバリされたクロックを使用して等価時間サンプリングでアイを連続的に描かせる方法をとっていました．今日ではリアルタイム・オシロスコープを使い，100万UIなどある特定の期間連続したデータを単発で取り込み，ソフトウェアでリカバリしたクロックから波形を1UI＋αほど重なるように切り出し，重ね合わせて表示する方法が主流です．重ね合わせた際に表示領域のピクセルごとの頻度情報を階調や色で表現します．なお，UI（ユニット・インターバル）とは，データ列の1ビット周期に対応する時間をいいます．

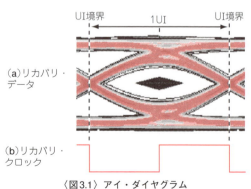

〈図3.1〉アイ・ダイヤグラム

特集　はじめての高速シリアルI/F測定

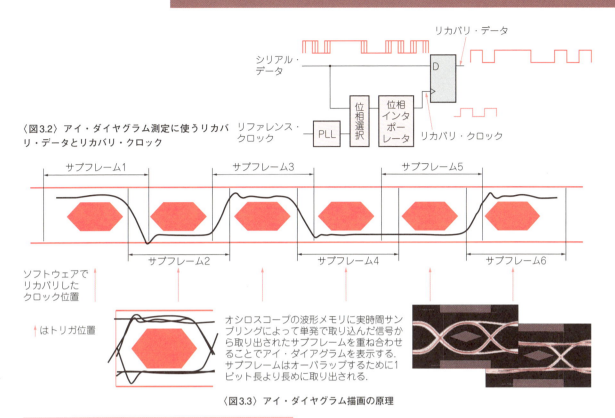

〈図3.2〉アイ・ダイヤグラム測定に使うリカバリ・データとリカバリ・クロック

〈図3.3〉アイ・ダイヤグラム描画の原理

3.3 マスク

　アイ・ダイヤグラム測定の際に信号レベル，ノイズおよびジッタ，パルス特性の許容範囲，つまり最悪値（違反ゾーン）を規定した多角形のマスクを使い，アイ・ダイヤグラムが許容範囲内にあるか確認，または合否判定する場合があります．

　マスクは規格および測定箇所ごとに規定されています．通常は幅2点と高さ2点を規定した「菱形」や幅2点と高さを4点で規定し，菱形のマスクの時間軸方向にジッタ分を加算した「六角形」のマスクが使われています．また，100BASE-Tなどの多値伝送ではいくつもの多角形を組み合わせたマスクや，1000BASE-Tではパルス特性のマスクが使われます．

3.4 ジッタとノイズ

　過多なジッタがあるとビット・エラーが生じます．図3.4では単純化するために0.5UIを越えたらエラーと仮定します．実際はデータ・リカバリのセンス・アンプがウィンドウを持つので幅があります．

　基準のUI境界からのジッタが0.5UIまでならエラーが生じませんが，0.5UIを越えるとデータ"1"をデータ"0"，またはデータ"0"をデータ"1"と認識し，エラーが発生します．左方向へのジッタも同様です．

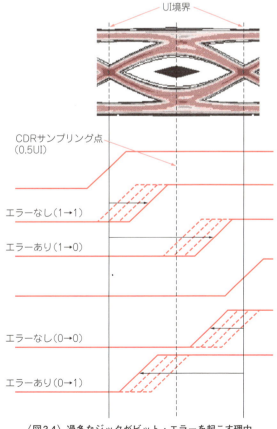

〈図3.4〉過多なジッタがビット・エラーを起こす理由

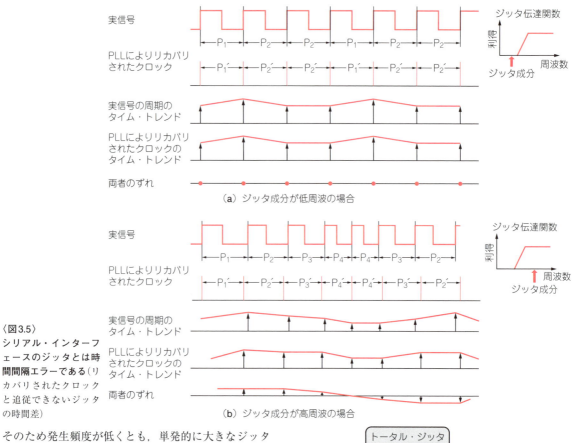

〈図3.5〉
シリアル・インターフェースのジッタとは時間間隔エラーである（リカバリされたクロックと追従できないジッタの時間差）

(a) ジッタ成分が低周波の場合

(b) ジッタ成分が高周波の場合

そのため発生頻度が低くとも，単発的に大きなジッタが発生した場合，エラーが生じることになります．

同様に"0"と"1"を判断するスレッショルド・レベルを越える過多なノイズがラッチ点に生じたとすると，やはり論理ミスを引き起こします．電気系のインターフェースでは高速化すればするほどジッタの影響を考慮し，光インターフェースではノイズの影響も考慮します．

■ 3.4.1 ジッタ

BERに直結するという意味で，高速シリアル・インターフェースではジッタに関する理解が必要です．

● 高速シリアル・インターフェースでのジッタは時間間隔エラー

図3.5を見てください．シリアル・インターフェース系で測定されるジッタは，クロックの評価に使う周期ジッタやサイクル・ツー・サイクル・ジッタではなく，時間間隔エラー（TIE：time interval error）です．ジッタの定義は「ディジタル信号のエッジの理想的な位置からの短期間での変動」です．この定義を元にいい換えれば，時間間隔エラーとは「リカバリされたクロックのエッジを理想的な位置とした実際の波形エッジ位置との差」です．受信信号からPLLでクロックを再生する構造であり，ある程度のジッタは吸収，つ

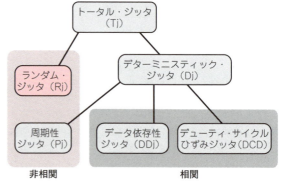

〈図3.6〉代表的なジッタ・モデル

まりジッタがあったとしても同期したクロックを再生しますが，再生されたクロックとのずれをエラーとしています．つまりクロック・リカバリが追従できないジッタを評価します．

第1章「1.3.1 クロック・リカバリ」で説明したように，ノイズに対して影響を低減するために内部フィルタを持つため，ジッタ周波数に対して応答特性を持ちます．低周波ジッタに対してはジッタの振れ幅が大きくても追従しますが，高周波ジッタに対しては追従しません．その結果，ジッタの振れ幅が大きいとエラ

特集 はじめての高速シリアルI/F測定

〈表3.1〉ジッタ成分とその要因

名称		要因	有界	相関	代表的な確率密度関数(PDF)
ランダム・ジッタ(Random Jitter)		熱雑音など	非有界	非相関	
デターミニスティック・ジッタ(Deterministic Jitter)					
	周期性ジッタ：Pj (Periodic Jitter)	スイッチング電源，CPUクロック，オシレータなどが原因	有界	非相関	
	デューティ・サイクル歪みジッタ：DCDj (Duty Cycle Distortion)	オフセット・エラー，ターンオン時間の歪が原因	有界	相関	
	パルス幅歪みジッタ：PWDj (Pulse Width Distortion)				
	データ依存性ジッタ：DDj (Data Dependent)	隣接するデータ・ビットの変化が原因で発生，伝送帯域特性など伝送路の影響	有界	相関	
	パターン依存性ジッタ：PDj (Pattern Dependent)				
	シンボル間干渉：ISI (Inter Symbol Interference)				

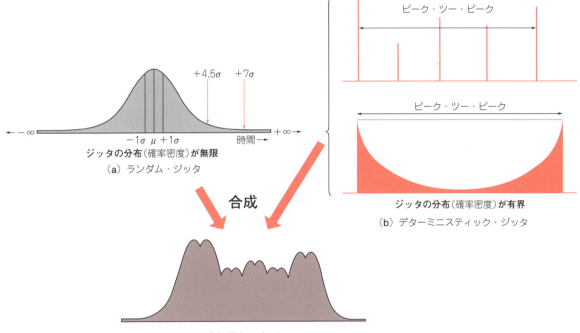

(a) ランダム・ジッタ

(b) デターミニスティック・ジッタ

合成

(c) 現実のジッタ

〈図3.7〉ジッタはランダム・ジッタとデターミニスティック・ジッタが合成(コンボリューション)されている

ーが生じてしまいます．

● **ランダム・ジッタとデターミニスティック・ジッタ**

ジッタと一言でいっても，その性質の違いにより，いくつかに分類されています．発生源が異なると，性質も異なるからです．高速化に伴い，よりシステム信頼性を高めるために，ジッタを正確に捉えるべく，その性質で分類します．最も一般的に使用されるジッタ・モデルは，トータル・ジッタ(T_j)はランダム・ジッタ(R_j)とデターミニスティック・ジッタ(D_j)とに分離され，図3.6に示す階層モデルに基づいています．

このモデルでは，ジッタの性質に応じて表3.1のように分類しています．

- ジッタの分布の広がりが有界(bounded)か非有界(unbounded)か
- 伝送されるデータと相関性がある(correlated)か，非相関(uncorrelated)か
- ある特定のジッタ周波数に明確なピーク値を持つか周期性(periodic)か，非周期性(non-periodic)か

規格によっては，この性質でジッタ名を表記している場合もあります．

▶ **ランダム・ジッタ**

ランダム・ジッタの確率密度関数は，よく知られているガウス曲線として表現されます．低頻度であっても大きな振幅のジッタが現れる可能性があり，発生した場合には長期間での伝送品質にビット・エラー・レートという形で影響を与えます．その性質ゆえ，ピー

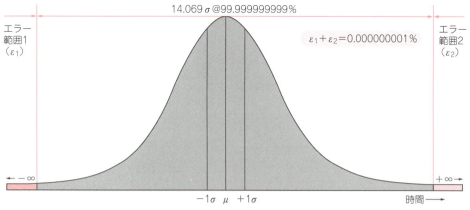

〈図3.8〉ランダム・ジッタの確率密度関数(PDF)

〈表3.2〉BER値に対応するランダム・ジッタ最大値への変換係数(Q_{BER})の2倍値

BER	$2Q_{BER}$
10^{-3}	6.180
10^{-4}	7.438
10^{-5}	8.530
10^{-6}	9.507
10^{-7}	10.399
10^{-8}	11.224
10^{-9}	11.996
10^{-10}	12.723
10^{-11}	13.412
10^{-12}	14.069
10^{-13}	14.698
10^{-14}	15.301
10^{-15}	15.883

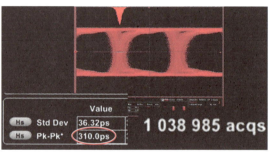

(a)波形取り込み数：約100万

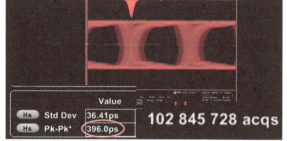

(b)波形取り込み数：約1億

〈図3.9〉測定時間(波形取り込みUI数やレコード長)によってピーク・ツー・ピーク・ジッタ量が異なる

ク・トゥ・ピークのTIEの測定値は，ランダム・ジッタの存在により，時間経過(測定母数集団数，測定UI数)に従い，値が大きくなります．

ランダム・ジッタの影響は，UI(Unit Interval)値が大きい，つまりデータ・レートが遅い場合には小さく無視できても，UI値が小さくデータ・レートが高速化するにつれて，無視できなくなります．その結果，アイ・ダイヤグラムは時間経過とともに狭まり，TIEともども時間経過を考慮した測定が必要になります．

ランダムに発生するジッタゆえ，確率的なので，時間経過はビット・エラー・レートで置き換えて考えます．例えばBERが10^{-12}であれば，1兆ビットに1ビットの頻度でエラーが生じることであり，1兆ビットは2.5Gbps(1UI = 400ps)であれば，400秒に1ビットのエラーが生じることになります．

▶デターミニスティック・ジッタ

一方，デターミニスティック・ジッタは有界であるため，その広がりは時間に依存しません．しかし，ジッタを一つの予算と考えてランダム・ジッタとデターミニスティック・ジッタで分け合うとすれば，デターミニスティック・ジッタはランダム・ジッタに対する予算を減らす，つまりマージンを低下させる要因になります．

● トータル・ジッタ

図3.7を見てください．現実のジッタはランダム・ジッタとデターミニスティック・ジッタという2種類のジッタが合成(コンボリューション)されたものです．このため最近の高速シリアル・インターフェースでは，単にピーク・ツー・ピーク・ジッタという総量でジッタをとらえず，ランダム・ジッタとデターミニスティック・ジッタ，さらにランダム・ジッタに依存する長期間(BER値10^{-12})のジッタ量を「トータル・ジッタ」と呼んで評価する考え方が定着しています．

前述のように，高速シリアル・インターフェースの相互運用性とは，正確には特定のビット・エラー・レートでの通信を保証しての接続となります．そのため，システムを構築する上で，ジッタが各要素に割り当てられています．

この傾向はデータ・レートが高速化し，データの1周期(UI)の時間が減少するにしたがって顕著になります．例えば，PCI Expressの2.5Gbpsでは100万UIの中だけでピーク・ツー・ピーク・ジッタ(実際は

特集 はじめての高速シリアルI/F測定

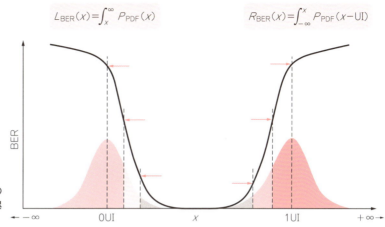

〈図3.10〉UI内のBERはジッタの確率密度関数(PDF)を積分した累積分布関数(CDF)で求められる

TIE分布の中央値とピーク間のジッタ)をとらえていましたが，5Gbpsからはトータル・ジッタとランダム・ジッタを測定して求めるようになりました．USB3.2もこの考え方を参考にし，ジッタ仕様としてトランスミッタ・テストでランダム・ジッタとデターミニスティック・ジッタ，トータル・ジッタ(BER値10^{-12})を測定します．またレシーバ・テストではジッタとして加えるランダム・ジッタとデターミニスティック・ジッタが規定されています．

● **ランダム・ジッタの性質**

ランダム・ジッタの性質について，もう少し詳しくみてみましょう．

▶正規分布の性質

図3.8はランダム・ジッタの確率密度関数を図示したもので，このように正規分布です．正規分布は式(4.1)で示される平均値μと平均的なばらつきの幅をあらわす標準偏差σの関数で，その広がりは有限ではなく，無限の広がりを持ちます．

$$R_j(x) = \frac{1}{\sqrt{2\pi}\sigma} \exp\left\{-\frac{(x-\mu)^2}{2\sigma^2}\right\} \cdots\cdots (4.1)$$

ただし，$-\infty < x < +\infty$

正規分布の形状が示すように，中央(平均値)から離れるほど(すなわち大きいジッタになるほど)，発生確率は低くなります．

正規分布は左右対称で，その中央はUIの境界，すなわちビットとビットの境目になり，短期間ではエッジはジッタの影響を受けながらもUI境界前後に集中的に発生します．±1σの範囲では発生確率(全体の面積に対する比率)はおよそ68％です．一方，±7σまで広げた場合，発生確率は99.9999999999％になります．逆に±7σの両側確率は0.0000000001％で，両側確率の全体面積(＝1)に対する比率は1兆：1となります．また，±4.75σで見ると，その確率は99.9999％で，両側確率は0.0001％となり，全体に対する両側確率の比率は100万：1となります．

これはランダム・ジッタの場合，確率は低くとも，測定時間，つまりUI数(母集団数)の増加にしたがって，より大きなジッタが出現する可能性があるということを意味します．例えば±4.75σを越えるジッタは100万回に1度，±7σを越えるジッタは1兆回に1度の確率で発生するといった具合です．

▶アイ・ダイヤグラムやジッタは測定時間を規定して測る

ランダム・ジッタが測定時間に依存して大きなジッタが出現するということは，アイ・ダイヤグラムで考えると測定時間に依存して信号波形が閉じてくる(アイ幅が変わる)ことになります．図3.9のように測定時間が短いと大きなジッタの発生頻度が低いためアイの幅は広くなりますが，測定時間が長くなると大きなジッタが出現することになり，アイの幅は狭まります．また，別の角度から見ると，ある測定時間の中で同じピーク・ツー・ピーク・ジッタを示したとしても，ランダム・ジッタとデターミニスティック・ジッタ成分によっては，ジッタの広がり方が長期間で変わってくることにもなります．

そのため，アイ・ダイヤグラムやジッタの測定では測定時間を規定しておく必要があります．ただし，上記のように正規分布の広がりが無限であるため，直接的にピーク・ツー・ピークを決めることはできません．そこで次のようにビット・エラー・レートを規定して等価的なランダム・ジッタのピーク・ツー・ピーク値を決めます．

1兆回に1度という頻度は極めて低く感じられますが，2.5Gbpsのデータ・レートで見ると，$1/(2.5\times10^{-9})\times10^{12}$ですから，400秒すなわち6分40秒に一度発生する頻度です．もしこの大きなジッタが正しくビットを捕捉できない要因，すなわちエラーを引き起こす要因とすれば，この発生頻度はBERを意味することとなります．前述の±7σでは1兆：1なので1回のエラーに対して必要な母集団数は10^{12}となり，BERは10^{-12}

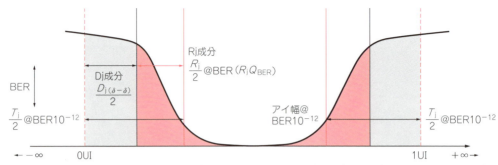

〈図3.11〉バスタブ曲線におけるトータル・ジッタ(T_j)，アイ幅，ランダム・ジッタとデターミニスティック・ジッタの関係

となります．この範囲は，標準偏差(σ)に対する係数で決まります．

▶特定BER値におけるランダム・ジッタの最大値への変換係数Q_{BER}

ここで，Q_{BER}を特定BERにおけるランダム・ジッタの最大値への変換係数とすると，BERが10^{-6}であれば99.99999 %が含まれる範囲で4.75，BERが10^{-12}ならば99.9999999999 %で7.039となります．参考までに各BERにおけるQ_{BER}を表3.2(p.42)に示します．なお，ここで，$2Q_{BER}$としているのは，特定のビット・エラー・レートの際のトータル・ジッタやアイ幅を求める際に$2Q_{BER}$を掛ける値（例：10^{-12}では14など）が一般に知られているからです．

これは両側確率を使用し，UI境界から見た場合，前後どちらのUIでもエラーが発生するためです．

また，データ遷移密度（0→1および1→0の信号変化の頻度）が50 %であることです．偏りがあるとどちらかに寄ることになります．

■ 3.4.2 長期間のジッタ量や　　アイ幅を求めるバスタブ曲線

アイの幅は，信号に含まれるランダム・ジッタによって影響を受けるのでBERで規定しなければならないという話をしました．しかしながら実際にBERに相当する時間信号を捕捉したり，相当するビット長をシミュレーションすることは，極めて時間が掛かり過ぎ，現実的ではありません．しかもビット・エラー・レートは例えばBER値10^{-12}のために10^{12}ビットを解析すれば良いのではなく，平均的な値で求めるものになります．もちろん統計の信頼度という考え方を取り入れることはできます．実際にBERTのテストで採用しています．

しかしながら，各ジッタの性質は確率密度関数としてモデル化できているので，ある程度の短期間の結果からでも数学的に求めることができるようになります．とくにランダム・ジッタはσ（標準偏差）の関数であり，σはある程度の時間長捕捉すれば求めることができます．加えてデターミニスティック・ジッタはごく短時間には変動があったとしても，長期的には時間に依存しません．

ジッタによる引き起こされるBERは数学的に見た場合，図3.10のように，ジッタの確率密度関数をUI軸に沿って積分した累積分布関数（CDF）で求めることができます．ここで縦軸はビット・エラーです．UI境界から見た場合，確率密度関数のある点より外側の面積（両側確率）と全体面積に対する比率がBERですが，全体面積は正規化されて1となるので，そのまま両側確率がBERになります．UI左側($x=0$)のL_{BER}はxから∞まで，UI右側($x=1$)のR_{BER}は$-\infty$からxまでを積分して求めます．実際のバスタブ曲線は，ランダム・ジッタやデターミニスティック・ジッタなどのそれぞれのジッタ成分の確率密度関数がコンボリューションされて合わさった確率密度関数の累積分布関数となります．

この累積分布関数の曲線は浴槽断面に似ていることからバスタブ曲線と呼ばれます．バスタブ曲線を使うことで，「特定のBERにおけるジッタ量」（トータル・ジッタ）および特定のBERにおけるトータル・ジッタと1UIとの差分で「特定のBERにおけるアイ幅」を求めることができます．

3.5 バスタブ曲線とデュアル・ディラックのデターミニスティック・ジッタ・モデル

バスタブ曲線の性質を見てみましょう．図3.11のように，バスタブ曲線の傾きを決めるのはランダム・ジッタで，全体を内側へ狭めるのはデターミニスティックです．つまりバスタブ曲線を求めるとランダム・ジッタとデターミニスティック・ジッタを求めることが可能になります．ただし，重要なことは，ここでいうデターミニスティック・ジッタは下記のような関係が成り立つデュアル・ディラック・モデルだということです．

ジッタは各成分が相互に掛け合わされて足されたもの，すなわち確率密度関数で表現されるランダム・ジ

特集 はじめての高速シリアルI/F測定

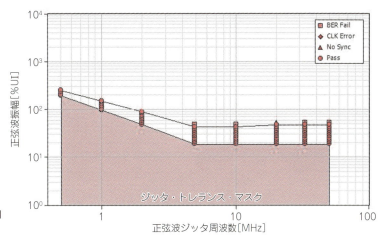

〈図3.12〉ジッタ・トレランス曲線の例
(USB3.2, 5Gbps)

ッタ R_j とデターミニスティック・ジッタ D_j の合成確率 T_j は式(4.2)のように畳み込み積分(コンボリューション)されて現れており,トータル・ジッタとの関係が極めて複雑で,各々の関係を単純に定量化できません.

$$T_j(t) = \int_{-\infty}^{\infty} D_j(\tau) R_j(t-\tau) d\tau \quad \cdots\cdots (4.2)$$

その点,上記のバスタブから求めたランダム・ジッタとデターミニスティック・ジッタ,トータル・ジッタは,式(4.3)のように単純な関係になります.要はデターミニスティック・ジッタを定数として扱えます.

$$T_{j(BER)} = 2Q_{BER}R_{jn} + D_{j(\delta-\delta)}^n \quad \cdots\cdots (4.3)$$

このモデルはデュアル・ディラック(Dual-Dirac)と呼ばれ, D_j を $D_{j(\delta-\delta)}$ と表して識別します.ここでデュアル・ディラックとはディラックのデルタ関数に因みます.

この結果,トータル・ジッタから R_j と $D_{j(\delta-\delta)}$ を定量化できるようになり,トランスミッタやレシーバ,チャネルなどの持つジッタ配分(Jitter Budget),ジッタ見積りが可能となります.

以上から今日では多くのシリアル・インターフェースがデュアル・ディラック・モデルに基づいて R_j と $D_{j(\delta-\delta)}$ を規定しています.ただし,注意すべきは,例えば周期性ジッタで見るとその確率密度関数は懸垂曲線となるため,内側にジッタが寄り,その結果,両側確率の全体面積に対する比率が 10^{-12} となる点が内側に寄るために, $D_{j(\delta-\delta)P-P} \leq D_{jP-P}$ となります.この意味は,次の通りです.

- 表3.1にあるデターミニスティック・ジッタの各成分を合計すると,ジッタ見積りでのデターミニスティック・ジッタ($\delta-\delta$)よりも大きくなる.
- 見積られているデターミニスティック・ジッタ($\delta-\delta$)からデターミニスティック・ジッタの各成分を見積ることはできない.

3.6 ジッタ・トレランス曲線

レシーバのクロック・リカバリ回路はジッタ周波数に対する伝達特性を持ちますが,自らの特性が反映した信号を出力するトランスミッタと異なり,レシーバは信号を受信しない限り,その特性を評価できません.そこでレシーバがどこまでジッタに対する耐性があるかを評価できるのがジッタ・トレランス曲線です.

実際の例を図3.12に示します.実際の時間軸的な受信特性を支配するのはクロック・リカバリ回路のジッタ伝達特性ですが,レシーバのデータ・リカバリ回路はデータを安定に保持するためには,ある程度のウィンドウを必要とします.さらに内部的なジッタがあると,このウィンドウを食ってしまいます.ジッタ・トレランス曲線には,これらがすべて表現されています.下記が一般的な傾向です.

- 低周波ジッタに関してはクロック・リカバリがジッタに追従するため,大振幅のジッタを許容できる.
- ジッタ周波数が高くなるにつれ,ジッタの許容が下がってくる.この下がり方は,クロック・リカバリのジッタ伝達特性でのループ帯域以下での特性を反映する.
- ループ帯域付近の特性にピーキングがあると,耐性が低下する.
- 高周波ジッタ領域ではジッタに追従できないため,ジッタの許容範囲が限定され,データ・ラッチに必要なウィンドウとなる.内部的なジッタがある場合は低下する.

はたけやま・ひとし テクトロニクス/ケースレーインスツルメンツ社 営業統括本部 営業技術統括部 シニア・テクニカル・エキスパート

特集

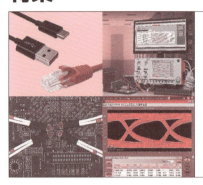

第4章 リアルタイム・オシロとサンプリング・オシロ，必要なソフトウェア，BERT，フィクスチャなど

高速シリアルI/F物理層で使用する測定器

畑山 仁
Hitoshi Hatakeyama

　トランスミッタやレシーバ測定を個々に解説する前に，高速シリアル・インターフェースの物理層測定で使用する主な測定器について紹介します．

4.1 リアルタイム・オシロスコープ

　後述する「サンプリング・オシロスコープ」と区別する意味で，ここでは一般的なオシロスコープを「リアルタイム・オシロスコープ」と呼びます．
　トランスミッタやソース機器のアイ・ダイヤグラムやジッタなどの物理層の電気的特性を測定するための中心的なツールは，リアルタイム・オシロスコープ(**写真4.1**)です．リアルタイム・オシロスコープはデバッグやトラブルシューティング，コンプライアンス・テスト，レシーバ・テストのジッタ校正などに広く利用します．

　アナログ技術で実現していた時代のリアルタイム・オシロスコープの周波数帯域は，1GHzがせいぜいでしたが，ディジタル化とその後の半導体技術，信号取り込み技術の進歩により，扱える周波数帯域が飛躍的に高くなり，今日では70GHzを越える機種も登場しています．単発で捕捉できる信号の周波数はA-D変換のサンプル・レートで決まり，200Gサンプル/秒を越えるサンプル・レートも等価的に実現されています．
　図4.1のように逐次リアルタイムにサンプルが行われることから，リアルタイム・オシロスコープと呼ばれます．200Gサンプル/秒の場合，5ps間隔で信号がサンプルされることになります．よく「分解能＝確度」と誤解されますが，サンプルとサンプルの間を補間し分解能を向上させ，確度を向上させています．垂直分解能も同様です．

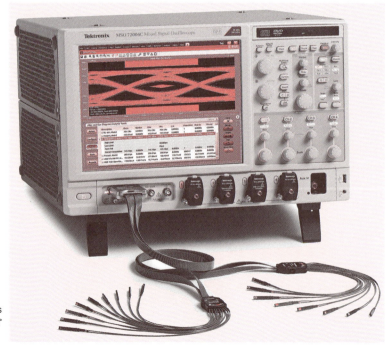

〈写真4.1〉4チャネル20GHz帯域100Gspsの性能を持つリアルタイム・オシロスコープ MSO72004C型(テクトロニクス社)

特集　はじめての高速シリアルI/F測定

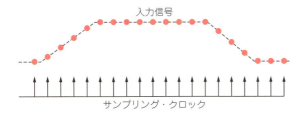

〈図4.1〉リアルタイム（実時間）サンプリング方式による波形取り込み

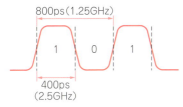

〈図4.2〉NRZで一番速い繰り返しパターン

〈図4.3〉方形波は基本波と奇数次高調波によって構成されている

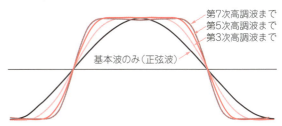

〈図4.4〉方形波の立ち上がり時間によって含まれる高調波次数が異なる

4.1.1 観測に必要なオシロスコープの周波数帯域

　高速シリアル・インターフェースを観測するには，どの程度の周波数帯域のオシロスコープを使用したら良いのでしょうか？

● 基本は5次高調波まで観測できる周波数帯域

　ここで紹介しているシリアル・インターフェース規格の多くの伝送形式は，NRZ(Non Return to Zero)でデータを転送します．NRZではデータ・レートで規定される1UIの時間にわたり信号が"0"または"1"を維持します．その結果，一番速い繰り返しパターンは1ビットごとに"0"と"1"が交互に繰り返される"0101…"で，その周期は1UIの2倍，周波数はデータ・レートの半分となります．例えば図4.2に示すように2.5Gbpsであれば，1UI = 400psで繰り返し周期は800psなので"01"のクロック・パターンの繰り替えしレートは1.25GHzの方形波となります．

　シリアル・インターフェースで伝送される信号は方形波です．話を簡単にするために，教科書どおりの方形波で考えてみます．方形波を周波数領域で見ると，図4.3のようにその繰り返し周波数を基本とする基本波とその奇数次高調波で構成されています．

　つまり2.5Gbpsのクロック・パターンの基本波は1.25GHzであり，奇数次高調波成分として3次の3.75GHz，5次の6.25GHz，7次の8.75GHz，…が重畳しています．高調波成分の振幅は，次数が高くなるにつれ小さくなります．結果として，どこまでの次数の高調波までをオシロスコープで捕捉するかが周波数帯域選択のキーとなります．

● 周波数帯域と立ち上がり時間の関係

　一般的には第5次高調波までの捕捉を基本とします．しかし，実際には信号の持つ立ち上がり時間を考慮する必要があります．信号に含まれる高調波次数が高くなるにしたがって，信号の立ち上がりが急峻になってきます．つまり立ち上がり時間が速い，すなわち立ち上がりが急峻になればなるほど，図4.4のようにそれだけ高い周波数成分を持つことになります．逆に立ち上がりが遅ければ，それだけ含まれる周波数成分は低くなります．したがって周波数帯域は立ち上がり時間に大きく影響するので，繰り返しレートのみならず，立ち上がり時間も考慮して，周波数帯域を決めなければなりません．

　周波数帯域と立ち上がり時間の関係は，周波数帯域と立ち上がり時間の積（$f_{BW}t_r$）で与えられ，一つの目安として実効周波数帯域として知られた値0.35があります．最近では方形波の高調波成分が急速に減衰する点として「ニー周波数」[1]があり，立ち上がり時間t_rに対する値として0.5が使用されます．

$$f_{BW} = \frac{0.35}{t_r} \cdots\cdots\cdots\cdots\cdots 実効周波数帯域$$

$$f_{knee} = \frac{0.5}{t_r} \cdots\cdots\cdots\cdots\cdots ニー周波数$$

　ただし，t_r：10〜90％立ち上がり時間

● アナログ・オシロスコープとディジタル・オシロスコープの特性の違い

　アナログ時代のオシロスコープは，図4.5(a)にあ

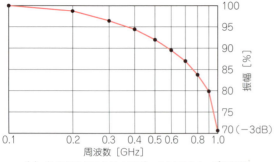
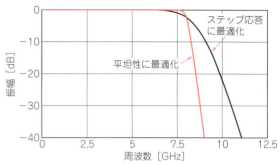

(a) よく設計されたアナログ・オシロスコープの特性　　(b) 最新のディジタル・オシロスコープ（帯域8 GHz, MSO6シリーズ, テクトロニクス社）の特性例

〈図4.5〉オシロスコープの周波数特性

るように，パルス波形を観測する際にリンギングやオーバーシュートなどの波形ひずみを起こさないようにするため，周波数が高くなるにつれ，だらだらと落ちるガウス特性に近似した周波数応答特性を持っていましたが，この特性だと高速シリアル・インターフェース信号の観測で，速い繰り返しパターンと遅い繰り返しパターン間で信号振幅に差が生じ，アイ・ダイヤグラムやジッタ測定に影響します．

そのため今日の特に高速シリアル・インターフェースの測定に使用するオシロスコープは，**図4.5(b)** のように，帯域内で平たんな特性を持っています．一方，周波数帯域を越えた減衰特性は急減に落とすようにしています．周波数帯域は以前と変わらず，DCに比べてゲインが-3 dB低下する周波数で規定しています．したがって，被測定信号の周波数成分がオシロスコープの周波数帯域にある場合，波形の再現性は高く，立ち上がり時間も正確に表現されます．

● レシーバ・イコライザを使用している場合は5倍より少ない帯域が指定されることもある

一般的にデータ・レートが高くなるにつれ，デバイス自身のドライブ能力やパッケージなどによる高周波損失などの影響で，立ち上がり時間は相対的に遅くなります．またEMI抑制のために故意に立ち上がり時間を制御している場合もあります．デバイス自身の特性測定（キャラクタライゼーション）を目的とすれば，十分高い周波数成分まで捕捉する必要がありますが，規格認証の場合は特に近端よりも損失を受ける遠端測定が多いこともあり，必要とする周波数帯域，必要とする高調波次数は低くなる傾向にあります．

とくにレシーバがイコライザを多く使用している今日，イコライザがノイズの影響を避けるために周波数帯域に制限をかけています．つまり不要な周波数まで観測する必要はないという考え方です．

実際にUSB3.2やPCI Expressの5Gbpsは5次高調波捕捉を考えて12.5 GHzが指定されていました．しかし，それ以上のデータ・レート，例えばUSB3.2

10Gbpsでは5次高調波を捕捉するには25 GHz帯域が必要なはずですが，16 GHz帯域が指定されており，周波数帯域を5次高調波より下げる傾向にあります．

● CTS（認証試験仕様）で規定している周波数帯域
Compilance Test Specification

コンプライアンス認証試験の規格としてオシロスコープの周波数帯域が指定されている場合は，その帯域のオシロスコープを使用します．

なお，ノイズは帯域に依存します．したがって必要以上に広い帯域を使用すると，測定上ジッタ値が増えるなどノイズが影響します．その点，今日のオシロスコープはDSPによって信号に合わせた帯域を図4.6のようにメニューで選択できます．
Digital Signal Processor

4.2 サンプリング・オシロスコープ

4.2.1 被測定信号が繰り返し信号に限られる

サンプリング・オシロスコープ（**写真4.2**）は，図4.7のように入力回路に帯域制限要因となるアッテネータやプリアンプを設けずに，入力された信号を直接にサンプラでサンプリングすることで，従来のリアルタイム・オシロスコープでは実現できなかったような高周波数帯域の観測を実現したオシロスコープです．

被測定信号が繰り返しであることを前提に，トリガがかかる都度，図4.8のように入力信号の瞬間的なレベルを1回サンプリングして保持し，A-D変換した後，次のトリガに対する準備を行います．次のトリガ点では，サンプリング点の位置を変えてサンプリングし，最終的に入力信号と相似形の波形を再生します．各サンプル・ポイントをサンプルした時刻はばらばらで異なるものの，等価的に元の信号上の時間が再現されます．そこでこのようなサンプリング方式を「等価時間サンプリング」と呼びます．

4.2.2 広帯域ながら廉価で，高ダイナミック・レンジ

まだリアルタイム・オシロスコープの帯域が1 GHz

特集 はじめての高速シリアルI/F測定

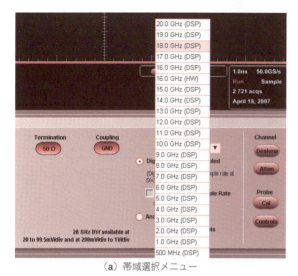

(a) 帯域選択メニュー

〈図4.6〉オシロスコープの周波数帯域選択機能とその特性例

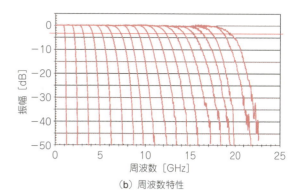

(b) 周波数特性

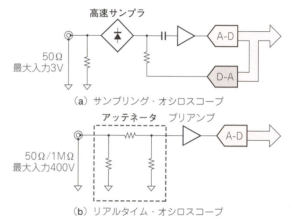

(a) サンプリング・オシロスコープ

(b) リアルタイム・オシロスコープ

〈図4.7〉サンプリング・オシロスコープとリアルタイム・オシロスコープの入力部構成の違い

〈写真4.2〉サンプリング・オシロスコープDSA8300型（テクトロニクス社）

止まりだった時代に，すでに20 GHz，現在では70 GHzを越える帯域が実現されています．原理的に高速広帯域が要求されるのはサンプラまでであり，リアルタイム・オシロスコープに比較して廉価で実現できます．

入力にプリアンプを持たず，低速で高分解能のA-Dコンバータを使用できることもあり，最大入力電圧が限定されるものの，ダイナミック・レンジが広く，低ノイズという特徴があります．例えば16ビット300kサンプル/秒のA-Dコンバータを使用しており，理論上96 dB($20\log 2^{16}$)のダイナミック・レンジが得られます．なお，リアルタイム・オシロスコープでは

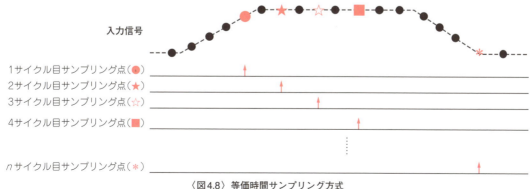

〈図4.8〉等価時間サンプリング方式

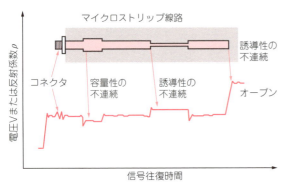

〈図4.9〉TDRによる観測波形の例

8ビットが一般的ですから理論上48 dB（20log2⁸）です．またリアルタイム・オシロスコープでも等価時間サンプリングを備えている機種も多いです．

■ 4.2.3 TDR測定やTDT測定など

サンプリング・オシロスコープの入力部分は，モジュール化され，用途に応じて電気信号サンプリング・モジュール，O/Eコンバータ内蔵サンプリング・モジュールなどを交換/組み合わせられます．高速のパルス・ジェネレータをサンプラに組み合わせたTDR（Time Domain Reflectometry）モジュールも用意されています．12psや23psといった立ち上がり時間を持った高速パルスを被測定伝送路に入力し，インピーダンス不連続点で生じた信号の反射をサンプラで捉えることでインピーダンス測定が可能です．

図4.9はマイクロストリップ線路の反射電圧を観測する例です．

反射を捉えるTDRに対して，通過信号の測定をTDT（Time Domain Transmission）と呼びます．TDTの通過信号とTDRの反射信号をFFTで周波数領域化し，比較することで，図4.10のように挿入損失（S_{21}）や反射損失（S_{11}）などのSパラメータ測定も可能になります．2ポート使えば差動測定も可能です．

この手法は周波数領域でのFDNA（Frequency Domain Network Analysis）に対してTDNA（Time Domain Network Analysis）と呼ばれています．本特集では伝送路の特性測定に触れませんが，反射損失など認証試験で測定が求められる規格も，とくにケーブルを中心に多いです．さらに後述のシリアル・リンク解析などSパラメータを使用する機会も増えており，威力を発揮します．

■ 4.2.4 過大入力，静電破壊に注意

サンプリング・オシロスコープは，信号の取り扱いに細心の注意を要します．特性低下を防ぐために，機種によっては過大入力を吸収するような保護回路すら設けていないからです．そのため，過大入力はもちろんのこと，サンプラを構成しているダイオードの微細な接合部にとっては，静電気すら大きなエネルギーとなって，容易に損傷を与えてしまいます．

ただし，今日ではリアルタイム・オシロスコープもサンプリング・オシロスコープと同等の周波数帯域が実現されているので，細心の注意を払う必要があることは変わりません．

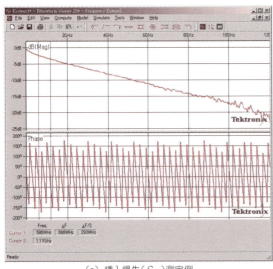

(a) 挿入損失（S_{21}）測定例

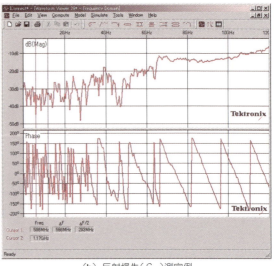

(b) 反射損失（S_{11}）測定例

〈図4.10〉TDTやTDRによる挿入損失や反射損失の測定例

4.3 測定や評価に必要なソフトウェア

■ 4.3.1 コンプライアンス・テスト・ソフトウェア

　一般的な高速シリアル・インターフェースは，標準規格団体によって策定されたCTSに沿って測定できるようにソフトウェアが用意されています．複雑な設定などを意識することなく，選択した測定項目に対して，信号の取り込みからリポート作成までを自動的に実行します．測定項目に合わせて複数の信号を切り替える必要がある規格もありますが，例えば外部から信号を入力することにより，切り替えができるならば，そのためのジェネレータを含めて制御できるようになっており，テスト・パターン切り替えも含めて自動化することが可能です．

　図4.11はコンプライアンス・テスト・ソフトウェア"TekExpress USBSSP"の画面表示です．

■ 4.3.2 ジッタ＆アイ・ダイヤグラム解析ソフトウェア

　コンプライアンス・テスト・ソフトウェアは，CTSで規定されている測定を網羅していますが，条件を変えて測定したり，CTSがないような規格やCTSがまだ策定されていない段階で測定するのにジッタ＆アイ・ダイヤグラム解析ソフトウェアを使います．

　そもそも高速シリアル・インターフェースのアイ・ダイヤグラムやジッタ，デバッグやトラブルシュートのためにジッタ＆アイ・ダイヤグラム解析ソフトウェアが用意されています．コンプライアンス・テスト・ソフトウェアを利用していても，実際は裏でジッタ＆アイ・ダイヤグラム解析ソフトウェアが測定している場合も多いです．

　図4.12はジッタ＆アイ・ダイヤグラム解析ソフトウェア"DPOJET Advanced"の画面表示です．

〈図4.11〉コンプライアンス・テスト・ソフトウェア"TekExpress USBSSP"（テクトロニクス社）

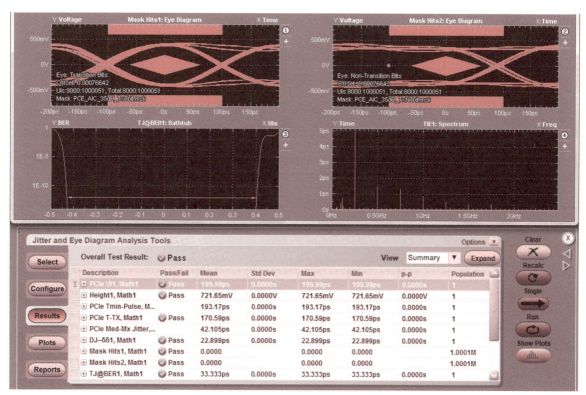

〈図4.12〉ジッタ＆アイ・ダイヤグラム解析ソフトウェア"DPOJET Advanced"（テクトロニクス社）

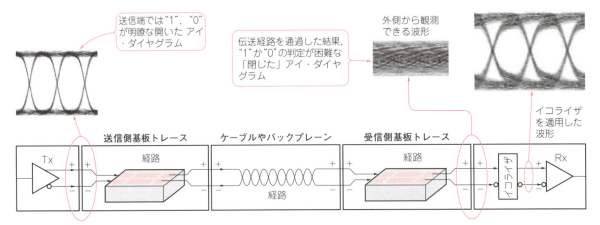

〈図4.13〉イコライザを使用したインターフェースでは，イコライザを通して内部で受信している信号そのものを観測することができない

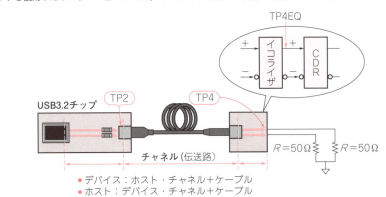

(a) 本来測定したいのは，ケーブルや基板などの伝送路を通してTP4で受けた信号をイコライズしたTP4EQの信号

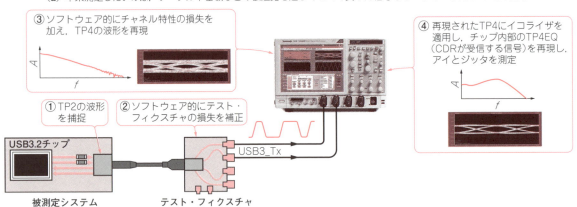

(b) TP2で受けた信号に対し，ソフトウェア的にチャネル特性の損失を加え，イコライザなどすべてソフトウェアで処理してTP4およびTP4EQの信号を再現して測定する

〈図4.14〉シリアル・データ・リンク解析によるトランスミッタ/ソース・テストの概要

■ 4.3.3 シリアル・データ・リンク解析

図4.13を見てください．今日の5Gbpsを越えるような規格の多くでは，トランスミッタ側のディエンファシスに加え，レシーバ・イコライザを使用します．そのため，レシーバ端で受信，つまり外部から観測できる信号と，レシーバ内部でイコライザを通した信号とは波形が異なります．換言すれば，内部の信号を外に出さない限り観測することはできません．

そこでUSB3.2(5Gbps/10Gbps)，PCI Express(8Gbps/16Gbps)，DisplayPortのトランスミッタのコンプライアンス・テストでは，信号そのままを評価するのではなく，取り込んだ信号に対し，伝送路チャネル/イコライザ・シミュレーションを行って評価しま

特集 はじめての高速シリアルI/F測定

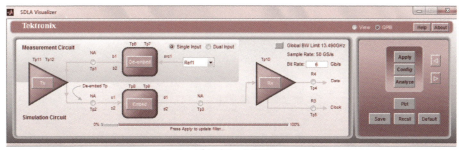

（a）トップ：ブロック選択メニュー

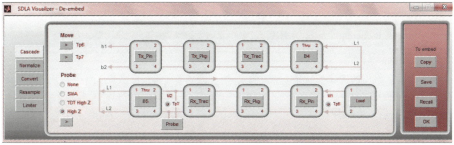

（b）ブロック構築画面

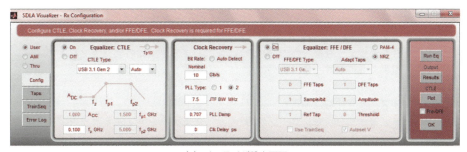

（c）イコライザ設定画面

〈図4.15〉シリアル・データ・リンク解析ソフトウェア "SDLA Visualizer"（テクロニクス社）

す．このとき規格で想定している最長伝送路でテストします．ただし，USB3.2では逆にケーブルなしの状態でもテストします．

図4.14はシリアル・データ・リンク解析によるトランスミッタ/ソース・テストの概要で，図4.15はシリアル・データ・リンク解析ソフトウェア例 "SDLA Visualizer" の画面例です．

より測定確度を上げるためには，テスト・フィクスチャの損失特性を除去する場合もあります．基板やケーブル，パッケージ・モデルなどの伝送路の伝達特性はSパラメータとしてTouchstoneファイルとして読み込ませることができます．RLCモデルで定義したレシーバの入力を含めて伝送路を再現するために，多段接続することも可能です．

イコライザとしては，各規格に適合したCTLEやDFE，カスタムのイコライザも設定できます．

また伝送路シミュレーションといえば，アナログ・シミュレータのSPICEが有名ですが，イコライザを含む高速シリアル・インターフェースを規格で規定されている時間長（例えば1Mビット）のシミュレーションにはかなりの時間を要します．そこでイコライザやクロック・リカバリの機能モデルをWindowsのDLL（Dynamic Link Library）やLinuxのSO（Shared Object），つまり実行形式のソフトウェア・モデルとして提供し，シミュレーション時間の短縮化を図るIBIS-AMIモデルが利用されるようになっています．IBIS-AMIモデルはIBIS Open Forumにより策定されたデバイス標準モデルのIBIS(Input/output Buffer Information Specification)にバージョン5.0から追加された機能です．いくつかの関数と受け渡す構造体が定義されており，レシーバ・ブロックにも同様に組み込んで利用することが可能です．

この機能により，高速シリアル・インターフェースでは下記応用が可能になります．

● レシーバ・イコライザ・シミュレーション

規格では規定されたイコライザを適用して測定しますが，その中でもイコライザの設定を最適化してテス

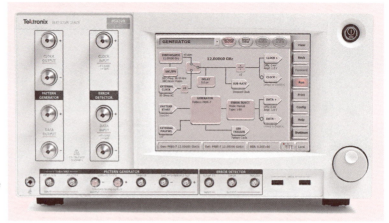

〈写真4.3〉
ビット・エラー・レート・アナライザ BSX320型（32Gbps BERTScope, テクトロニクス社）

トする規格もあります．汎用的にはイコライザの設定を最適化することが可能です．

● 伝送路シミュレーション

伝送路の持つ損失をフィルタ化し，実際のチャネルを使用することなく，取り込まれた信号に対し，伝送路を通した信号を再現します．この操作はエンベッド（Embed）と呼ばれます．

● ケーブル，フィクスチャ影響除去（伝送路損失補正）

伝送路の持つ損失を打ち消すような逆特性のフィルタを作成することで，損失を補正できます．この操作はディエンベッド（Deembed）と呼ばれます．

● プローブ，プローブ・アクセサリ特性補正

上記と同じように，アクセサリを含むプローブの特性を改善します．

● その他

測定点移動，反射除去，プローブ負荷除去などが可能です．

4.5 ビット・エラー・レート・テスタ（BERT）とパターン・ジェネレータ

BERT（**写真4.3**）は，「パターン・ジェネレータ」と「エラー・ディテクタで」構成されます．図4.16はそれらの設定画面です．

前者は所望のデータ・レートでシリアル・ビット・ストリームを生成し，後者は入力されたデータを期待値とリアルタイムで比較することでエラーを検出し，累積したエラー数を測定した全データ数で割ることでエラー・レートを求めます．この際，コンパレータの比較点を時間軸や垂直方向に少しずつ移動させる（スキャンさせる）ことで，アイ・ダイヤグラムやUI内の各点におけるエラー・レートの傾向を求めることができます．

BERTは実際にそのデータ・レートでデータを流し，受信したデータを期待値と比較することでエラー・レートを求める計測器です．ビット・エラーを測定するには，必要なビット長分の時間が掛かり，各々の点のUI全体では，それらをすべて合計した時間を要します．そこでUI内のビット・エラーがバスタブ曲線をとることが前述のようにわかっているため，UI境界に近い，つまりBERが高いポイントだけを測定し，バスタブ曲線にフィッティングする外挿（Extrapolation）によって，測定時間を大幅に短縮しています．

パターン生成時にジッタなどのストレスを加えることで，レシーバおよびジッタ・トレランス・テストにも使用されるようになりました．図4.17が代表的な設定画面です．

生成するシリアル・ビット・ストリームは，ハードウェアによる$2n-1$ビット長（$n = 7, 11, 15, 20, 23, 31$など）の疑似ランダム・シーケンス（PRBS：Pseudo Random Bit Sequence），あらかじめエディタで作成したもの，実際のビット・ストリームを取り込んだパターンなどを使うことができます．

今日，多くの規格では，トランスミッタにイコライザを併用しています．そこでBERTの出力にもイコライザを適用することが可能です．またチャネル特性は外部の基板やケーブルを使用します．規格団体が販売しているテスト・フィクスチャに含まれる場合もあります．

さらにリンク・アップ時にトランスミッタとレシーバ間でトレーニングを行い，イコライザを調整するような規格もあります．そのため，BERTでも，プロトコルを解釈し，レシーバとハンドシェイクするプロトコル・アウェア機能を実現させています．

4.6 任意波形ジェネレータ

任意波形ジェネレータ（**写真4.4**）は，あらかじめ用意しておいた波形データをリアルタイムでD-A変換し，アナログ波形として発生する信号発生器です．

特集 はじめての高速シリアルI/F測定

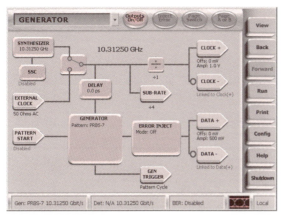

(a) パターン・ジェネレータ画面:データ・レートやデータ・パターン,出力レベルなどを設定

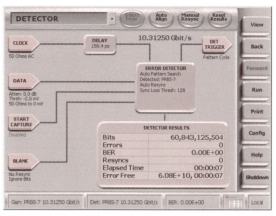

(b) エラー・ディテクタ画面:期待値パターン,受信したビット数,エラー数,BERなどを表示

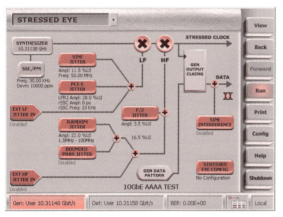

(c) ジッタ印加画面

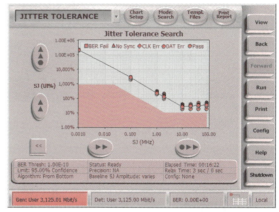

(d) ジッタ・トレランス・テスト

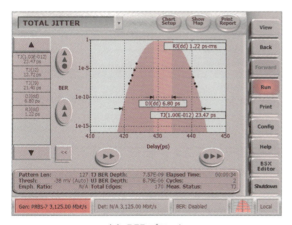

(e) BERプロット

〈図4.16〉パターン・ジェネレータ設定画面とエラー・ディテクタ設定画面

波形データを用意すれば,あらゆる波形を発生でき,高速シリアル・インターフェースでは,ジッタやイコライザ,伝送路の特性,SSC,シンボル間干渉,さらにクロストークを加味したシリアル・ビット・ストリームを生成できるソフトウェア"SerialXpress"(図4.17)も用意されています.

ソフトウェアで信号を作成するので,ジッタ印加用ハードウェアの制約を受けにくいという長所があります.一方,レコード長やサンプル・レート,垂直分解能の制約があったり,事前に信号データを用意する必要があり,パラメータの変更にはコンパイルを伴います.

コンプライアンス・テストではBERTが主流ですが,HDMIでは任意波形ジェネレータが使われます.

4.7 レシーバ・テスト・ソフトウェア

レシーバ・テストには,規定された振幅,ディエンファシスや複数のジッタを加えた信号を必要とし,これらを事前に指定した方法で測定し,キャリブレーションしておく必要があります.この場合,オシロスコープを使用します.

キャリブレーションはいくつかの設定値から所望の値に追い込むため結構面倒な作業ですが,CTSが策

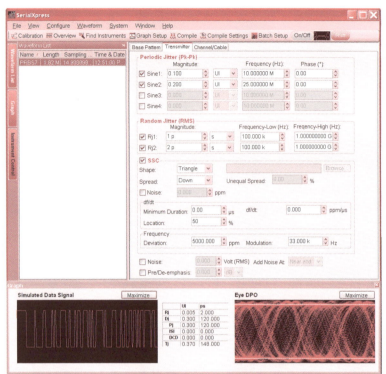

〈図4.17〉任意波形ジェネレータ用のジッタ生成ソフトウェア "SerialXpress"（テクトロニクス社）

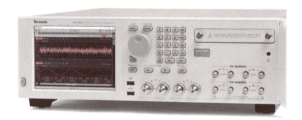

〈写真4.4〉任意波形ジェネレータAWG70001B型（50Gsps，テクトロニクス社）

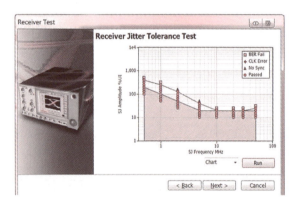

〈図4.18〉レシーバ・テスト・ソフトウェア "BSXUSB31"（テクトロニクス社）

定されている規格では自動的に行い，テストを実行するソフトウェアが用意されている規格もあります．

図4.18はレシーバ・テスト・ソフトウェアの例です．

4.8 テスト・フィクスチャや評価基板

テスト・フィクスチャは，測定器ベンダや規格団体などから販売されています．代表的な例が**写真4.5**〜**写真4.7**です．規格ごとに規定されているプラグやコネクタで被測定システムと接続するようになっており，SMA，SMP，2.4 mm，MMPX，MPXなどの高周波用コネクタとケーブルを使って計測器に接続します．必要に応じて変換アダプタを併用します．

カスタムで評価基板を作成する際には，基板材質として高周波損失の少ない素材を選ぶようにします．またケーブルを接続するコネクタは高周波特性が優れ，はんだ付けではなく接触型など高周波特性を考慮した取り付け方をするタイプを使用するのが理想的です．

基板配線もできるだけ直線的に引く，差動信号の対称性を保つ，基板上余裕があるのであれば差動結合しないように差動間のトレースを離すのも方法です．差動線路で差動間の結合が強い，つまり差動インピーダンスが低い状態からコネクタの部分で物理的な寸法からトレースを離さざるを得ないため，差動インピーダンスが高くなり，差動インピーダンスが乱れるからです．

特集 はじめての高速シリアルI/F測定

(a) アドイン・カード用（PCI-SIG の CBB3）

〈写真4.5〉PCI Express用フィクスチャの例(2.5Gbps および5Gbps, 8Gbps, CEM：Card Electro-Mechanical)

(b) システム・テスト用（PCI-SIG の CLB3）

なお，最近ではシリアル・データ・リンク解析のためにトレースの伝送特性を計測上使用するケースも多いので，シミュレーションや実測によって用意しておくことをお薦めします．

4.9 測定ケーブル

測定に使用するケーブルは，差動信号を伝送するために，2本の特性のそろった高周波同軸ケーブルを使用します．とくにケーブル間のスキューが最小になるようにケーブルを選別/調整して組み合わせたペア・ケーブルを使用します．スキューは差動信号測定で立ち上がり時間やデューティ・サイクルひずみなどの測定誤差となって現れるからです．

計測器側のコネクタはオシロスコープでは33GHz，BERTでは32Gbps程度まではSMAおよび互換性のある2.92mmや3.5mmが一般的であり，ケーブル両端が上記用のプラグを持つケーブルを一般的に使用しますが，テスト・フィクスチャや評価基板によってはそのほかのコネクタを使用されている場合もあるので，一端がそれらに合うプラグを持つタイプのケーブルや変換アダプタを併用します．さらにより広帯域の計測器では1.85mmや2.4mmコネクタを使用しています．

例えば写真4.8は両端が2.92mmコネクタで，スキューが1.5ps以内に抑えられている50Ω同軸ケーブル2本（〜26.5GHz）で構成されています．

なお，ケーブルのプラグとコネクタ接続の際には，下記に注意してください．

● 静電破壊防止のため，帯電防止リスト・バンドを併

(a) USB タイプA，マイクロB，10Gbps 用

(b) USB タイプC（5Gbps，10Gbps 用）

〈写真4.6〉USB3.2用フィクスチャの例(どちらもキットの一部のみを掲載)

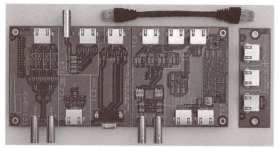

（a）10BASE-T，100BASE-T，1000BASE-T用
（テクトロニクス社 TF-GBE-ATP 型）

（b）2.5GBASE-T，5GBASE-T，10GBASE-T用
（テクトロニクス社 TF-XGbt 型）

〈写真4.7〉Ethernet用フィクスチャ

（a）DCブロック　　　　　（b）バイアスTee
（テクトロニクス5509型）　（テクトロニクス5542型）

〈写真4.9〉パッシブなDC結合のためのアクセサリ

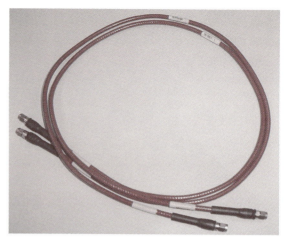

〈写真4.8〉差動ペア・ケーブルPMCABLE1M（テクトロニクス社）

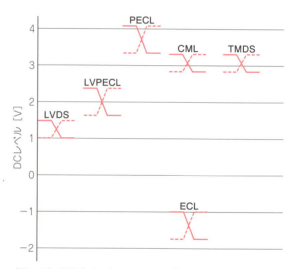

〈図4.19〉差動系インターフェースの信号はDCに重畳している

- アクセサリを併用する場合も含めて，中心導体の摩耗や損傷を防ぐために，装着や取り外しの際には回転させない．

なお，ケーブルやコネクタは挿抜の繰り返しにより特性が劣化します．したがって定期的に特性を確認し，必要に応じて交換します．

4.10 DC結合するためのアクセサリやプローブ

　PCI Express，USB3.2，DisplayPortなどAC結合されている規格では，テスト・フィクスチャからオシロスコープの入力に直接ケーブルで接続することが可能です．ところが，高速シリアル・インターフェースは一般的に図4.19のようなDCバイアスが加えられており，そのままオシロスコープの入力に接続するとグ

用する．
- 中心導体に傷や変形がある場合には使用を中止する．
- 埃や金属片が付着していないか確認し，付着があれば低圧圧縮空気を吹き付けて清掃する．
- さらなる清掃が必要な場合には，イソプロピル・アルコールで湿らせた適切なサイズのクリーンルーム用の綿棒を使い，清掃後は十分乾燥させる．
- 接続前にはケーブルに終端抵抗を装着し，静電気を放電する．
- 中心導体がまっすぐ挿さるように力学的なストレスが掛からないように注意する．

特集　はじめての高速シリアルI/F測定

〈写真4.10〉2.92 mmコネクタの差動入力プローブP7633型（33 GHz，テクトロニクス社）

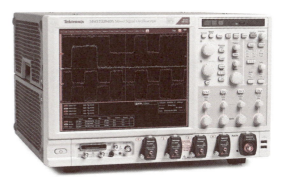

〈写真4.11〉DC終端機能を内蔵したオシロスコープ MSO73304DX型（テクトロニクス社）

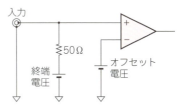

〈図4.20〉DC終端機能の等価回路

ラウンドに対してDC電流が流れ，動作が変わってしまう可能性があります．

そこでさまざまな手段でDCバイアスを加えたり，DCをカットしたりします．中でもディスプレイ系インターフェースのHDMIでは，シンク機器側がDCに終端され，ソース機器が電流を吸い込むように動作するので，ソース機器テストでは，DCバイアスを加える必要があります．

使用にあたっては周波数帯域，リターン・ロス，挿入損失に注意します．とくにパッシブのDCブロックとバイアス・ティーは内部にキャパシタを使用してDCをカットしているために，低周波成分が減衰するので，低周波パターンが流れる場合には注意が必要です．その点，アクティブではDCから使用できます．

● パッシブなDC結合手段

写真4.9はパッシブなDC結合のためのアクセサリです．DCブロックは計測器側にDC成分が流れないよう直列に入れたキャパシタでDCをブロックします．

バイアスTeeは，AC信号にDCを加えたり，信号のAC成分とDC成分を分離したりするアクセサリです．AC信号はキャパシタでDC成分をカットし，外部DC電源からインダクタ経由でDCを信号線に与えます．これによりAC＋DCにバイアスが加えられた状態になります．通常DCは終端抵抗を通して電源に接続します．

● アクティブなDC結合手段

差動入力プローブ（写真4.10）は，差動入力をプローブ内でシングルエンドに変換するプローブです．通常の差動プローブと異なるのは，入力が高インピーダンスではなく50Ω終端されており，加えて終端の基準点をDCに接続できることです．電源はオシロスコープ本体から内部的に供給できます．一つのチャネルで差動信号を観測可能なので，最大4レーンの同時観測が可能です．

DC終端機能を内蔵したオシロスコープ（写真4.11）もあります．入力部が図4.20のような等価回路であり，外部アクセサリを併用しなくても内部的にDCバイアスを印加できますから，オシロスコープの周波数帯域をフルに使用でき，外部アクセサリの周波数特性や挿入損失などを気遣う必要がありません．

◆参考文献◆

(1) Howard Johnson and Martin Graham; "High-Speed Digital Design: A Handbook of Black Magic", Prentice Hall, 384p., 1993.

はたけやま・ひとし　テクトロニクス/ケースレーインスツルメンツ社 営業統括本部 営業技術統括部 シニア・テクニカル・エキスパート

特集

第5章　コンプライアンス・テスト，テスト・パターン，トランスミッタ/ソース測定，レシーバ/シンク測定

高速シリアル・インターフェースの測定

畑山 仁
Hitoshi Hatakeyama

5.1 コンプライアンス・テストについて

　近年の高速シリアル・インターフェース規格の傾向として，業界で規格標準化を目指した推進団体を立ち上げることが特徴です．例えばUSBはUSB-IF，PCI ExpressはPCI-SIG，DisplayPortはVESAといった団体が代表的です．

　規格団体では，物理層の電気的特性やプロトコルなどの規格を策定し，仕様書を発行するのみならず，規格準拠の確認/テスト方法も規定することが挙げられます．規格準拠のテストは「コンプライアンス・テスト」と呼ばれ，その方法を記述した文書は，一般的にCTS(規格認証試験仕様 Compliance Test Specification)と呼ばれます．CTS発行後，計測器ベンダが自社のツールでどのような手順で測定するかをCTSに基づき記述した文書であるMOI(試験手順書 Method of Implementation)を作成します．

　公式のコンプライアンス・テストは，標準規格団体が年に数回開催している「プラグ・フェスタ Plug Festa」と呼ばれるイベントで受けることができます．なお，名称は規格団体によりさまざまです．プラグ・フェスタでは，現在開発中の機器を持ち込んで，すでに規格適合が確認されている装置と実際に接続してインターオペラビリティ(相互運用性)を確認できるほか，ほとんどの規格団体では認証テストを同時に受けることができます．さらに規格が固まる前にはFYI(For Your Information)として，参照テストを開催する場合もあります．規格策定後には規格団体から認定された民間テスト・ハウスによる認証試験も受けられます．

　写真5.1はPCI Expressのコンプライアンス・イベント "Compliance Workshop"(2012年)のようすです．

　コンプライアンス・テストは，規格によっては，規格団体の方針で製品出荷，とくに認証取得品のリストに掲載したり，認証ロゴを貼付するためには，必ず受ける必要があります．ただし，多くの規格では，必ずしもコンプライアンス・テストを受ける必要はありません．しかしながら，認証取得品であることをマーケティング活動で利用する場合はもちろんですし，製品品質や設計品質保証の観点からコンプライアンス・テストを受けておく，またはコンプライアンス・テスト相当の評価はしておくべきです．

(a) 入口の掲示

(b) 用意された試験セット

〈写真5.1〉PCI Expressのコンプライアンス・イベント "Compliance Workshop"(米国カリフォルニア州ミルピタス市のミルピタス市のEmbassy Suites by Hiltonにて2012年撮影)

特集 はじめての高速シリアルI/F測定

5.2 テスト・パターン

測定では，実際にトランスミッタとレシーバ間でリンクされている状態を流れるデータではなく，規格が指定するテスト・パターンを使います．データ・パターンが異なる，例えば8B/10B符号化の場合，同じビットが継続するのは最大5ビットですが，PRBS7では7ビットであり，データ・パターンの持つ周波数帯域の広がりが異なります．また，通常テスト・パターンのデータ遷移密度は50％ですが，PCI Expressのコンプライアンス・パターンのデータ遷移密度は75％であり，影響を受けないPLLもありますが，ループ帯域が変わる恐れがあります．

これらの違いにより，信号に含まれるジッタ周波数によっては測定結果が異なることがあるので注意が必要です．表5.1と図5.1は実際にパターンを変えて，結果がどう変わるかを比較したものです．8B/10BのPCI Expressのコンプライアンス・パターン，USB3.2 5 GbpsのCP0はTIEがそれほど変わりませんが，PRBSでは段数が増えるに従い，低周波成分が増えるため，TIE（p-p）が大きくなることがわかります．

測定目的によって，複数のパターンを使い分ける規格が多く，指定されているパターンを使用します．規格によって，USB3.2やPCI Expressのように，これらのテスト・パターン生成をチップへ搭載するよう義務付けられている場合は発生が簡単ですが，1000BASE-Tのようにレジスタを設定しないと出力されなかったりする場合もあります．また，出荷時にレジスタをマスクしてテストできないケースもあります．そういう場合には，トランシーバのループバック機能を使って，外部の信号発生器からテスト・パターンをレシーバに入力し，トランスミッタから折り返し出力させる必要があります．

テスト・パターンの切り替えも，トランスミッタと同じポート内のレシーバにバースト状の低周波信号を

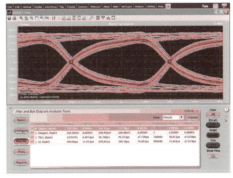

(a) Compliance Pattern

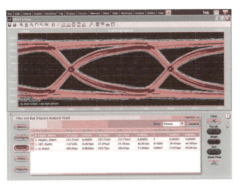

(b) CP0

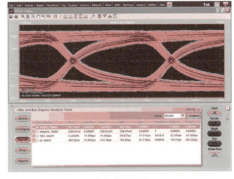

(c) PRBS7

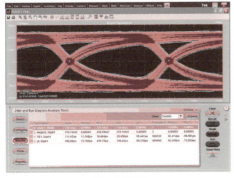

(d) PRBS11

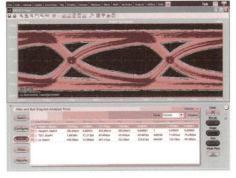

(e) PRBS15

〈図5.1〉表5.1の各条件におけるアイ・ダイヤグラム

〈表5.1〉テスト・パターンによる伝送チャネル影響の比較(2.5 Gbps, UI：400 ps)で測定

テスト・パターン	パターン・ビット長	ジッタ (TIE p-p)	アイ高さ	アイ・ダイアグラム測定結果
Compliance Pattern (PCI Express 2.5 Gbps)	40	47.720 ps	240.9 mV	図4.1(a)
CP0 (USB3.2 5 Gbps)	655330	48.983 ps	237.73 mV	図4.1(b)
PRBS7	127	57.338 ps	226.81 mV	図4.1(c)
PRBS11	2047	65.441 ps	216.19 mV	図4.1(d)
PRBS15	32767	80.907 ps	202.69 mV	図4.1(e)

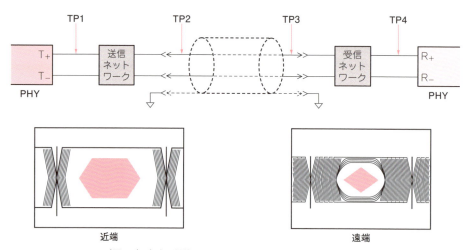

〈図5.2〉多くの規格で採用している仕様を規定している箇所

入れると切り替わる規格やレジスタを設定しないといけない規格などさまざまです．

つまり，必要なテスト・パターンと発生方法，切り替え方法は，規格やチップによりさまざまなので，いざ評価しようと思ったときに評価できなくなることのないよう，設計段階で確認しておく必要があります．

一方，HDMIのようにとくに指定がなかったり，アイドル時のパターンを使う100BASE-Tのような規格もあります．

5.3 トランスミッタ/ソース測定

実際にトランスミッタやソース機器に対してどういう測定をするのでしょうか？ここでは規格に適合した信号を出力しているかどうかの測定です．内容は規格にも依りますが，共通しているのは下記を測定することです．
- アイ・ダイヤグラムのマスク・テスト
- ジッタ

ここで重要なのは下記2点です．
- 規格で定められた点で測定し，仕様を参照する
- 規格に定められた方法で測定する

■ 5.3.1 規格で定められた点で測定し，仕様を参照する

伝送路では高周波損失の影響を受け，送信端から離れた箇所ほどその影響は大きく現れます．そのため，測定箇所によって仕様が規定されています．例としてEthernet(IEEE802.3)では図5.2のように送信端から受信端に向かってテスト・ポイント(TP1, TP2, TP3, TP4)があって，それぞれ規格が定められています．

この表現はUSB2.0やDisplayPortなど，ほかの規格でも利用されています．USBでもUSB3.1までは指定する箇所がこの番号とは異なっていましたが，USB3.2から統一されました．PCI Expressでは，この表現を使っていませんが，パソコンおよびアドイン・カードというフォーム・ファクタで見た場合，トランスミッタ，カード・スロット，アドイン・カード・エッジ・コネクタおよびレシーバ端で仕様が規定され，それぞれTP1, TP2, TP3およびTP4に相当します．そういう意味では事実上業界標準の表現です．

実際は各々の箇所で切断し終端した状態での仕様なので，トランスミッタ/ソース機器のテストでは，図

特集　はじめての高速シリアルI/F測定

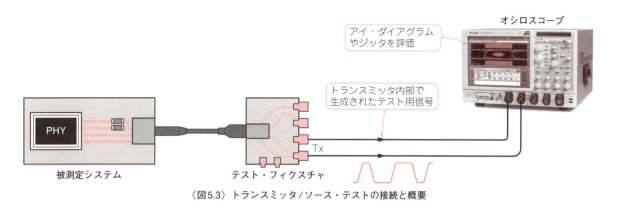

〈図5.3〉トランスミッタ/ソース・テストの接続と概要

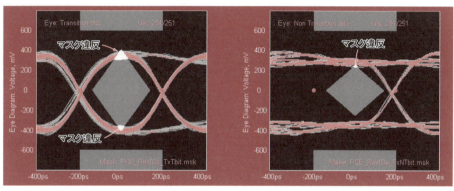

〈図5.4〉マスク違反の例

5.3のようにトランスミッタからの信号を直接オシロスコープ入力に接続してオシロスコープの50Ω入力で終端します．ここでは近端から遠端に向かって損失が増えるため，アイの高さや幅は小さくなり，ジッタは増加します．したがって参照する仕様を間違えないように注意することが必要です．

図5.4はPCI Express 2.5 Gbpsの測定例です．カード・スロットで測定していながら，マスクはトランスミッタを参照しているため，マスクに掛かっています．図5.5は送信端と受信端のマスク仕様です．

最近ではチャネル特性やイコライザを適用する規格も増えてきました．そのため物理的な接続点と測定点が異なることになります．例えばレシーバのイコライザ適用後の測定点をTP4EQと表現すると，TP2に接続して信号を捕捉，TP4EQで評価するといったぐあいです．前者は基準となる伝送路を通過した結果の測定で，後者は基準となるイコライザで補正した結果を評価することになります．ここではリファレンス・チャネルやCIC（Compliance Interconnect Channel）と呼ばれる疑似的なハードウェアの基板を使用したり，シリアル・データ・リンク解析で説明したようにソフトウェア上のフィルタで実現したりします．そのための伝送路特性を用意している規格も多いです．

■ 5.3.2 トランスミッタ/ソース測定上の重要な点：クロック・リカバリ

表5.2は規格測定に使用するクロック・リカバリ特性です．

アイ・ダイヤグラムやジッタも含めて，リカバリされたクロックを基準点としてレシーバの入力信号を観測します．つまりクロック・リカバリのPLLが吸収しきれないデータ・リカバリに影響を与えるジッタを評価したり，リカバリされた点での信号レベルやマージンを評価します．このように説明すると「リカバリされたクロックは，通常はチップから外部には出ていないのに，どうやって測定するのか？」と疑問に思われるでしょう．

● ハードウェアによる方法とソフトウェアによる方法

そこで計測器では，下記2種類のクロック・リカバリ方法を用意しています．

方法(1) ハードウェアによりクロックをリカバリする方法

BERTやサンプリング・オシロスコープで使用します．

方法(2) シングルショット・モードで取り込んだ連続したシリアル・ビット・ストリームに対してソフトウ

〈表5.2〉各種規格の測定に使用するクロック・リカバリのPLL特性（ループ帯域）

規格	PLL特性（ループ帯域）
PCI Express 2.5 Gbps，非クリーン・クロック（システム，マザーボード）	3次PLL相当，1.5 MHz
PCI Express 2.5 Gbps，クリーン・クロック（アドイン・カード）	1次PLL，1.5 MHz
PCI Express 5 Gbps	ブリックウォール，1.5 MHz
USB3.2 5 Gbps	2次PLL，4.9 MHz，ダンピング・ファクタ0.707
USB3.2 10 Gbps	2次PLL，7.5 MHz，ダンピング・ファクタ0.707
一般（Golden PLL）	データ・レートの1/1667，ダンピング・ファクタ0.707

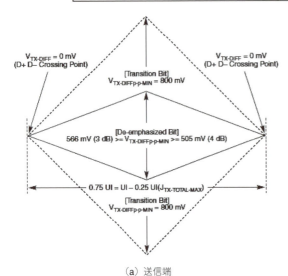

（a）送信端

（b）受信端

〈図5.5〉送信端と受信端のアイ・マスク（PCI Express Base Specification 2.5 Gbpsの例）

（a）PLL

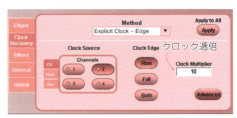

（b）外部クロック＋逓倍

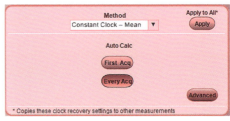

（c）平均周期

〈図5.6〉ジッタ＆アイ・ダイアグラム解析ソフトウェア "DPOJET Advanced" のソフトウェア・クロック・リカバリの設定画面例（テクトロニクス社）

ェアによりクロックをリカバリし，取り込んだデータを切り出してアイ・ダイヤグラムを描画する方法

図5.6はジッタ＆アイ・ダイアグラム解析ソフトウェア "DPOJET Advanced" のソフトウェア・クロック・リカバリ画面の例で，今日のリアルタイム・オシロスコープで採用している方法です．ハードウェア・クロック・リカバリと異なり，任意のクロック・リカバリ・モデルを選択でき，クロック・リカバリの特性を規格に適合させるのが簡単です．連続サイクルで描画と評価が可能なため，ジッタの時間方向の連続した変動を捉えることができ，ランダム・ジッタとデターミニスティック・ジッタの分離やデターミニスティック・ジッタの分離が可能です．

なお，リアルタイム・オシロスコープならではのソフトウェア・クロック・リカバリ機能として，リカバリ・クロックとして平均周期を使用できる点が挙げられます．波形をどれだけ長く取り込んだかのレコード長や変化点数により決まりますが，PLLの帯域より低いジッタ周波数成分を測定できます．

さらにソフトウェア・クロック・リカバリでは，LVDSのように周波数分割したクロックを並走した

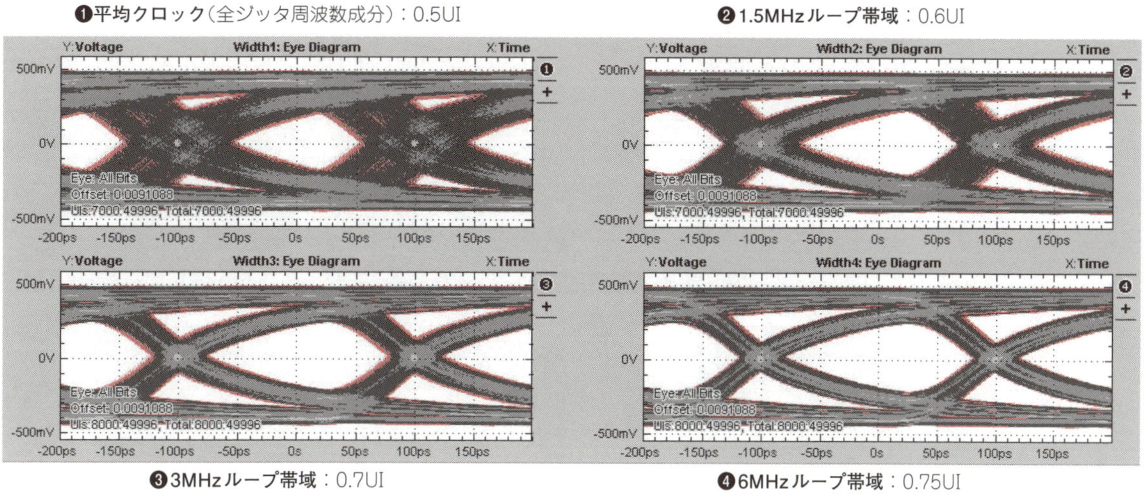

特集 はじめての高速シリアルI/F測定

❶平均クロック(全ジッタ周波数成分):0.5UI　　❷1.5MHzループ帯域:0.6UI

❸3MHzループ帯域:0.7UI　　❹6MHzループ帯域:0.75UI

〈図5.7〉適切なクロック・リカバリを設定することが重要

り，PCI Expressのようにリファレンス・クロックを送るインターフェースがあり，これらのクロックに同期をとって解析する必要があります．このため，クロックの逓倍機能を備えています．単純に逓倍するのみならずPLLも併用させることも可能です．

● **同じ測定を行う場合，クロック・リカバリの条件を揃える**

ここで重要なのは，同じ測定を行う場合，クロック・リカバリの条件を揃えておかないといけないことです．信号に含まれるジッタの周波数や振幅にも依存しますが，条件が異なると測定結果が異なってしまうので注意が必要です．したがって標準規格ではコンプライアンス・テストのクロック・リカバリの特性を指定しています．

図5.7は5 Gbpsの同じ信号をクロック・リカバリのループ帯域を変えてアイ幅を測定した例で，図5.8はジッタ振幅とクロック・リカバリPLLの特性です．周波数1.5 MHzで振幅0.25UIのジッタを加えています．ジッタ印加がない場合のアイ幅は0.75UIで，6 MHzの場合はアイ幅が0.75UIでジッタが検出されていませんが，ループ帯域を3 MHz，1.5 MHzと下げるに従い，ジッタ値が増えてアイ幅が0.7UI，0.6UI，平均周期による全ジッタ成分を通過させた場合には0.5UIと減少していることがわかります．

規格ごとに用意されたコンプライアンス・テスト・ソフトウェアでは，規格で規定された設定で測定されるので，ミスが起きにくいですが，汎用のジッタ&アイ・ダイヤグラム解析ソフトウェアなどで測定する際には確認しておく必要があります．

● **タイミング測定**

▶ビット・レートまたはUI（Unit Interval）

データ1ビット分の周期を測定します．データ・レ

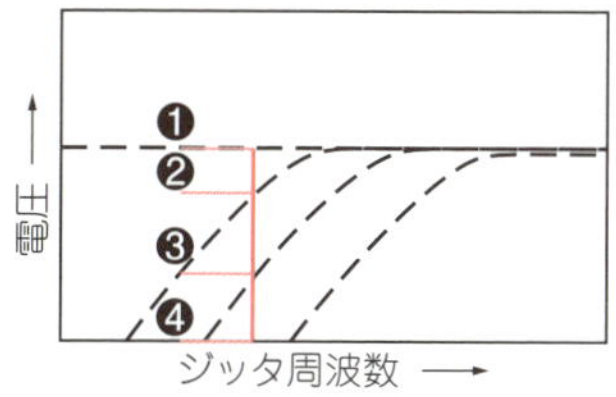

〈図5.8〉ジッタ振幅とクロック・リカバリPLLの特性

ートが速い場合にはタイム・マージンがとれなくなり，誤動作することもあります．パソコンで使用されている規格のようにスペクトラム拡散クロック(SSC)を併用している場合にはSSC測定もあります．データのUIを測定し，ローパス・フィルタを適用し，その時間的推移から変調周波数や周波数偏移を測定します．図5.9はスペクトラム拡散クロックの測定例です．

▶立ち上がり/立ち下がり時間

信号変化が速すぎると，EMIに影響したり，インピーダンス不連続性の影響で波形にひずみが発生したりします．逆に遅すぎると，伝送路による高周波損失の影響を受け，受信端で波形がなまり過ぎ，振幅が低下し，データ・エラーを引き起こす可能性があります．

■ 5.3.3 ジッタ

単純に設定した条件に基づき再生したクロックを基準に時間間隔エラー(TIE)を測定できますが，前述のように今日のジッタは，よりBERでの通信を保証する意味で，ランダム・ジッタとデターミニスティック・ジッタ，さらにデターミニスティック・ジッタを各成分に分解する必要があります．そこでジッタ&アイ・ダイヤグラム解析ソフトウェアは測定した時間間隔エラーを元に，これらの値を測定します．取り込まれたレコード長の期間では，時間間隔エラーが連続して取り込まれているため，時間的推移からジッタ・ス

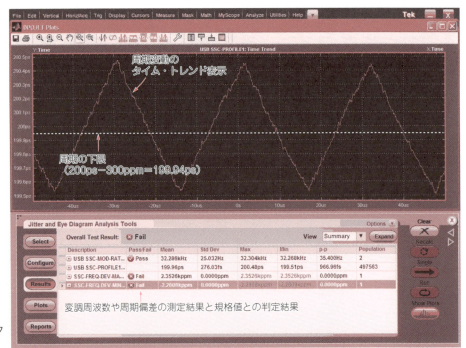

〈図5.9〉
スペクトラム拡散クロックの測定画面

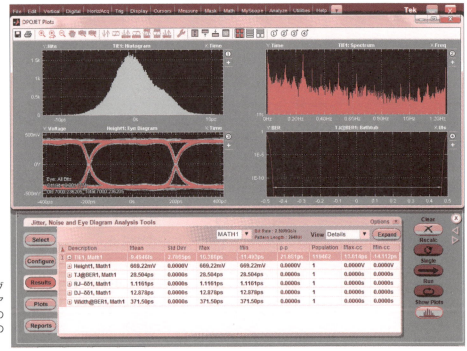

〈図5.10〉
ジッタ＆アイ・ダイアグラム解析ソフトウェア"DPOJET Advanced"のOne Touch Jitter画面の例(テクトロニクス社)

ペクトラムを求め，その特徴からジッタ成分を分離したり，ガウス曲線にフィッティングしたりして分離します．

図5.10はジッタ＆アイ・ダイヤグラム解析ソフトウェア"DPOJET Advanced"のOneTouch Jitterという操作により得られる測定結果です．信号を接続した後にRunすれば，信号レベル，レコード長を最適化し，データ・レートからGolden PLL(データ・レート/1667)に設定し，アイや主なジッタ項目を自動的に測定してくれて，測定への取っ掛かりとなります．

もしDJ値が過多だった場合には，図5.11のようにジッタをより詳細に分けて解析します．

特集　はじめての高速シリアルI/F測定

〈図5.11〉
ジッタを詳細解析する画面

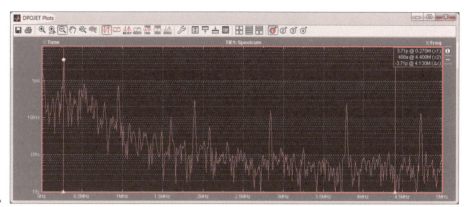

〈図5.12〉
ジッタ・スペクトラム

　一般的には伝送線路のISIにより引き起こされるDCD値が大きくなりますが，もしPJ値が大きい場合，**図5.12**のジッタ・スペクトラムで周波数成分とジッタ振幅を知ることができ，電源のスイッチング周波数とその高調波，CPUクロック，オシレータなどジッタ・ソースを突き止めることができ，対策への手がかりとなります．

　今までの説明と重複しますが，表にジッタ＆アイ・ダイヤグラム解析ソフトウェアにより分解できるジッタを**表5.3**にまとめます．

5.4 レシーバ/シンク測定

　前述したように，高速シリアル・インターフェースの相互運用性とは，正確に表現すれば特定のビット・エラー・レートでの通信を保証することを意味します．そのためにはトランスミッタやソース機器が出力する信号をオシロスコープで測定することで確認できますが，対向するレシーバやシンク機器は実際に信号を入力しないと確認できません．

　今日，高速化によって増加する伝送路損失の影響を低減するためにイコライザを併用する規格も増えていますが，イコライザは減衰した信号を補償すると同時に，受信側近傍で受けた影響を増幅してしまう可能性があります．双対単方向伝送の場合，同じポート内のトランスミッタ出力からのクロストークの影響を受けやすくなります．そこで，規格で規定されたジッタをもつ信号を規定のビット誤り率で受信できるかどうかを実際に入力することでコンプライアンス・テストを行い，設計品質を確認します．

■ 5.4.1 ループバックによって試験する

　機材は**図5.13**のように接続します．**図5.14**はトランシーバ内のループバック・パスです．なお，測定に先立ってCTSに基づき，ジェネレータの振幅，ディエンファシス（プリシュート）およびジッタのキャリブレーションを済ませておきます．キャリブレーションは**図5.15**のように被測定システムの代わりにオシロスコープを対向接続して測定します．

　確認はチップ内蔵や外部のエラー・ディテクタにより行います．この場合，どちらも有効にする必要がありますが，それは規格によりさまざまです．例えばPCI ExpressやUSB 3.2ではリンク・アップする際のトレーニング・パターンの中でループバックを有効にするデータを送ります．つまり物理層から操作します．一方，直接レジスタとやりとりする規格もあります．**表5.4**にレシーバ/シンク機器テストでわかることをまとめます．

■ 5.4.2 ジッタ耐性テストと　　　　ジッタ・マージン・テスト

　レシーバ・テストは，2種類のテストがあります．

● **ジッタ耐性テスト**（Jitter Tolerance Test）

　規定のジッタ特性（周波数と振幅）を持った信号をレ

〈表5.3〉ジッタ&アイ・ダイアグラム解析ソフトウェアにより測定できるジッタ項目

測定項目	内容
TJ@BER	特定のビット・エラー(初期設定はBER値10^{-12})時のジッタ量,つまり将来のジッタの広がり(p-p)をRJとDJから導出する. UIの各点に沿ってプロットしたTJ@BERの曲線(縦軸はBER)は浴槽状になることからバスタブ曲線と呼ばれる.バスタブの外側±1UIまでの距離の合計がTJ@BERとなる.内側は後述のWidth@BERである.
RJ	主に熱雑音に起因するランダム・ジッタで,測定値が$-\infty \sim \infty$のガウス分布になることを想定し,結果は標準偏差σ(シグマ)となる.バスタブ曲線の傾斜に影響する.Spectrumプロット上でデータ・レートやパターン・レートと無関係で,かつ明確なピークをもたない広く分布するジッタの合計となる.
DJ	デターミニスティック・ジッタ(すべて有界でP-P値となる)に分類される後述のPJ,DDJ,DCDを単純に合計したもの.非有界のRJと異なり,時間や母数量の影響を受けず一定である. DJの総量を把握するための数値で,高速シリアル・インタフェースの各規格で規定されているDJとは異なる点に注意する必要がある(後述のDJ-δδが該当する).
PJ	周期性ジッタであるスイッチング電源,CPUクロック,オシレータなどの繰り返し信号が原因のジッタで,一つ一つの成分のPDFは正弦波ヒストグラムとして懸垂曲線となる.Spectrumプロットでデータ・レート,パターン・レートに無関係(非相関)で明確なピークをもつ成分である.
DDJ	データ依存性ジッタ.伝送帯域特性(伝送路損失)など伝送路の影響で生じる.シンボル間干渉:ISI (Inter Symbol Interference)と呼ばれる.Spectrumプロット上にはデータ・レート,パターン・レートに次のDCDと共に現れる.
DCD	デューティ・サイクル歪み:オフセット・エラー,スレッショルドのずれなどが原因で,HiとLowのパルス幅の変動である.Spectrumプロットで上にはデータ・レート,パターン・レートに前述のDCDと共に現れる.
DJ-δδ	高速シリアル・インタフェースの各規格で規定されているデュアル-ディラック・モデルによるDJ値.直接にバスタブ曲線の狭まり具合を表現する.DJ-δδによりジッタ配分を見積もれる.
Width@BER	特定のビット・エラーでのアイ幅.バスタブ曲線の内側である.DJ-δδにより狭められ,さらにRJにより時間や母数量の増加に従い,狭くなる.

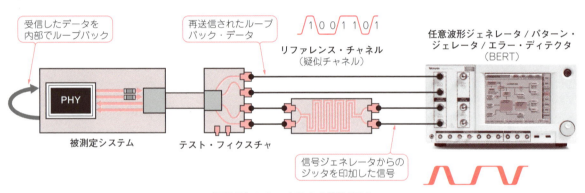

〈図5.13〉レシーバ/シンク機器テスト

シーバに入力し,CDRの特性をテストします.パス/フェイルの判定のみなので,比較的短時間で行えます.コンプライアンス・テスト項目です.
● ジッタ・マージン・テスト(Jitter Margin Test)
　ジッタ耐性テストのように規定のジッタ振幅だけでパス/フェイルを判定するのではなく,ジッタ周波数,ジッタ振幅を細かく変えて,どの程度のジッタまでならばデータを正しく受けられるかをテストします.コンプライアンス・テストではないですが,設計品質保証の意味で,社内で評価しておくことを推奨します.

■ 5.4.3 ビット・エラー・レート測定と信頼度

　ここで理解しておかないといけないのは,ビット・エラー・レートは,所望の全ビットに対して検査する必要があることです.例えばBERが10^{-12}であるならば,1兆ビットを測定して1ビットの誤りの発生を確認します.しかしながら,ビット誤り率を低下させる主な原因はランダム・ジッタであり,その結果,ビット誤り率の変化はランダムとなります.例えば,1回目に1ビット誤りが検出されたとしても,2回目には誤りがなかったり,3回目には2ビットの誤りがあったりするようなぐあいです.

　つまり1兆ビット測定して1ビットの誤りを確認するだけでは不十分で,何度か測定して,平均した結果が10^{-12}になることを確認しないといけません.回数が多ければ確度が高まりますが,当然それだけ測定時間が掛かります.5Gbpsでの1兆ビットは200秒(3分20秒),10Gbpsでは100秒(1分40秒)必要であり,もし10回測定すれば5Gbpsでは2000秒(33分20秒),10Gbpsでは1000秒(16分40秒)掛かります.

　このようにビット・エラー・レートは極めて時間を要する測定ですが,信頼度(confidence level)という

特集 はじめての高速シリアルI/F測定

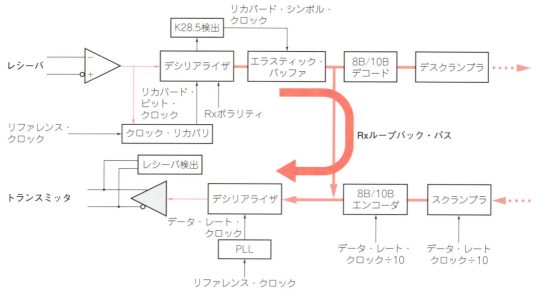

〈図5.14〉トランシーバ内のループバック・パス

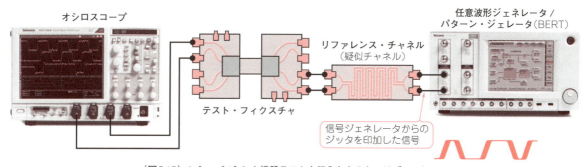

〈図5.15〉レシーバ/シンク機器テストを行うときのキャリブレーション

〈表5.4〉レシーバ/シンク機器テストでわかること

デバイス依存か ユーザ依存か	確認内容
デバイス依存	● クロック・リカバリ回路のジッタ吸収度合い，PLLのピーキングを含む伝達関数，データ・リカバリ回路のセンス・アンプの時間方向余裕度の確認 ● イコライザ(内蔵の場合)が最適化できているか？オーバーイコライゼーション，イコライズ不足になっていないか？
ユーザ依存	● クロストーク，反射，電源ノイズ，デカップリング不足，プアなグラウンド

〈表5.5〉95％信頼度が得られるエラー数とビット数（BER値 10^{-12}）

エラー 個数	95％信頼度が得られるビット数 $\times 10^{12}$
0	2.996
1	4.744
2	6.296
3	7.754
4	9.154

確率の概念を持ち込むことで測定時間を短縮できます．一般的に信頼度95％が採用されています．BERが 10^{-12} で95％信頼度が得られるエラー数とビット数を表5.5に示します．

この意味は，例えば 2.996×10^{12} ビット，つまり5 Gbpsで10分間データを流して，もし誤りが生じないのであれば，95％の信頼度でBER値 10^{-12} が達成されていると見なせます．同様に誤りが1個生じたとしても，4.744×10^{12} ビット流して1個，6.296×10^{12} ビットで2個ならば，同様に95％の信頼度でBER値 10^{-12} が達成されていることになります．

したがってBERテストでは，最大ビット長を決める発生エラー数を決めておく必要があります．もちろんCTSが規定していればそれに従います．

はたけやま・ひとし テクトロニクス/ケースレーインスツルメンツ社 営業統括本部 営業技術統括部 シニア・テクニカル・エキスパート

特集

エピローグ
高速シリアル・インターフェースの今昔と将来展望

畑山 仁
Hitoshi Hatakeyama

● かつて100 MHzが高速化の壁だった時代もあった

　昔，業界でよく話題になったのは，電気系インターフェースは，どこまで高速化するだろうということでした．話は少々逸れますが，私は元々ロジック・アナライザ(ロジアナ)を得意とする営業，およびその経験からマーケティングを長年務めておりました．

　ロジアナにはいくつかアプリケーションがありますが，なかでもバス・サポートは，被測定対象のCPUやバスの振る舞い，動作を理解している必要があります．そんなCPUのバス・クロックが66 MHzから100 MHzになったころ，高速化された標準ロジックICのパッケージがロジック信号の高速化に追い付いておらず，グラウンドが暴れるという記事を読んだ記憶があります．100 MHzがまだ高速で壁だった時代があったわけです．**写真1**のロジアナは，初めてWindowsを搭載した製品で，クロック133 MHzのPentiumプロセッサが動作しています．このシリーズのロジアナは世代交代しながらも現行商品です．

　今では当たり前ですが，ロジック信号は教科書通りの波形ではなくなってきました．その後，IEEE1394やUSB2.0が登場し，400 Mbpsや480 Mbps，さらにゲーム機用高性能メモリとして席巻したDirect Rambusではクロック400 MHzのDDR動作で800 MHzデータ・レートが登場しました．

　この頃，とあるイベントで高速ロジック測定のセッションを担当したところ，満員になったセミナ・ルームを見て，世の中のエンジニアの高速ロジック測定およびシグナル・インテグリティへの関心の高さに驚かされましたが，この辺りから業界は高速シリアルへシフトし始めたといえるでしょう．

　ロジック系のアプリケーション担当者であった私は，必然的にシグナル・インテグリティ，およびシリアルの専門家にならざるを得ませんでした．先陣を切ってシリアル化に踏み切ったPCI Expressが2.5 Gbpsで，評価基準も従来ではクロックに対するセットアップ/ホールド時間が主流でしたが，アイ・ダイヤグラムとジッタに移っていきました．そのころ，限界は10 Gbpsだろうといわれていましたが，予想はあっさり裏切られ，今日のパソコンでは10 Gbpsを越えて20 Gbpsが当たり前になる時代を迎えたことは本文で説明したとおりです．

● PCI Expressの名称発表は日本から

　それまで3GIO(第3世代のI/O)と呼ばれていたPCI Expressの名称が初めて発表になったのは，何と日本で2002年4月に幕張のヒルトン東京ベイで開催された開発者の会議 Intel Developers Forum "IDF2002"の会場でした．私は幸運にもその場に居合わせており，スクリーンにその名称が映し出されたときのことを今でも鮮明に覚えています．急行という名前に苦笑してしまいましたが，慣れとは恐ろしいものです．なお，公式の名称発表はほぼ同時に開催されたWinHEC2002となっています．

● 高速シリアル・インターフェースの今後

　インターフェースは今後いったいどこまで速くなるのでしょうか？一時期「光インターコネクト」という話もありましたが，もちろん電気伝送での話です．

　現時点で二つの方向性があります．一つはPAM4化で，物理的なデータ・レートを上げずに転送レートを上げる方法です．もう一つは32 Gbpsぐらいまではストレートなままで頑張る方向です．もちろん低損失の伝送素材を使えば敷居が低くなりますが，価格面でFR-4には勝てないゆえ，素材を変えずに伝送路にリピータやリタイマを入れながら，伝送距離を稼ぐのでしょう．おそらくPCI Express 32 Gbps(Gen5)はこの方向で行くと思われます．その先はPAM4を採用するでしょう．この予想果たしてどうでしょう？

はたけやま・ひとし　テクトロニクス/ケースレーインスツルメンツ社 営業統括本部 営業技術統括部 シニア・テクニカル・エキスパート

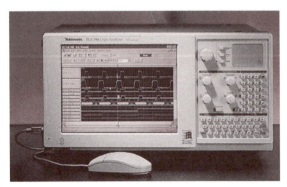

〈写真1〉初めてWindowsを搭載した汎用ロジック・アナライザTLA704(1997年1月発売，テクトロニクス社)を私が担当した

特設記事

単一周波数を再利用して広いエリアで
　　　　　高品質な放送を可能にする

FM同期放送の技術とその実現

山﨑 浩介／惠良 勝治／貝嶋 誠／河野 憲治
Yamasaki Kousuke／Era Masaharu／Kaijima Makoto／Kawano Kenji

　エリア全域で安定した放送サービスを提供するには，中継局による送信が必要です．しかし，中継波による干渉を避けるためには，さらに別の周波数を用意しなければならないという問題が周波数不足に拍車をかけています．そんななか，同一周波数を使いつつ干渉の影響が少ない放送を実現する技術「同期放送」が実用化され，注目を集めています．本稿では，その仕組みと実用化の成果について解説していただきます．

〈編集子〉

1 概要

　同一放送サービスのエリア内で，同一の周波数を使用してFM放送を実施する「FM同期放送」は，これまでもさまざまな取り組みが試みられてきました．
　一方，中波放送（AM放送）の難聴対策や災害時対策として，超短波放送（FM放送）用の周波数に隣接した90〜95 MHzを使う「FM補完放送」が始まっています．このFM補完放送の取り組みを機に，FM同期放送の本格的な開発と実用化が進み，現在は国内8県（山口，広島，福島，福井，長野，山梨，兵庫，徳島）とコミュニティFM放送局（市／町／村エリア限定の放送局）の数か所（曽於市，倉敷市，諫早市，今治市）で運用が開始されています．

　ここでは，その開発の概要と実用化を支えた技術について，県内に目標とした13局を開局した山口放送の取り組みを中心に説明します．KRYが完成させた放送エリアを図1に示します．FM放送のエリア法定電界は0.25 mV/m（48 dBμV/m）以上と定められています．図中放送エリアを黒線で表したものは86.4 MHzを使用し，赤線で記したものは92.3 MHzを使用して県内をこの二つの周波数で放送を実施しています．ここでは黒色エリアの5局と赤色エリアの8局がそれぞれ同期放送エリアです．他の地区のエリア図について

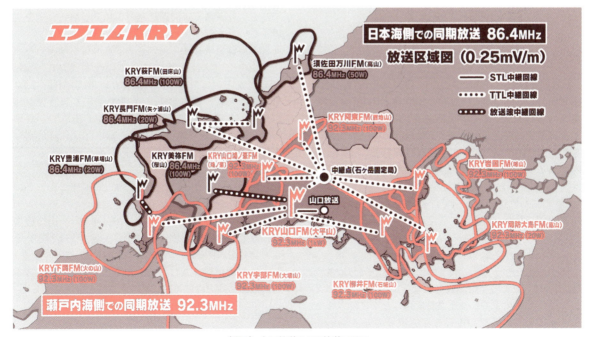

〈図1〉山口放送のFM放送エリア

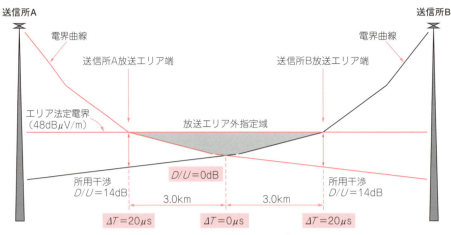

〈図2〉技術基準を満足させるモデル図

〈表1〉FM同期放送の置局の技術的基準答申
（平成10年度電気通信審議会答申）

時間差 Δt	D/U比
2 μs	3 dB以上
5 μs	6 dB以上
10 μs	8 dB以上
20 μs	14 dB以上
50 μs	30 dB以上
100 μs	37 dB以上

(a) 主観評価3

時間差 Δt	D/U比
2 μs	9 dB以上
5 μs	12 dB以上
10 μs	17 dB以上
20 μs	20 dB以上
50 μs	36 dB以上
100 μs	45 dB以上

(b) 主観評価4

は，日本通信機のホーム・ページをご参照ください．
https://nitsuki.com/

2 FM同期放送の背景

2.1 同期放送における従来の技術基準

FM同期放送の実現については1990年代に技術的な検討が行われ「FM同期放送の技術基準答申」としてまとめられました．その一部を表1に示します．このときに設定した送信側の条件は2局間の搬送周波数の差が2Hz以内で，かつ最大周波数偏移差は1kHz以内であることでした．なお，FM波の最大周波数偏移は±75kHz$_{P-P}$と定められています．

実際の同期放送を行う上でこの技術基準がいかに非現実的だったかを図2を使って説明しています．ただし，これはモデル図であるため多少デフォルメしてあります．Dは希望波(Desired)，Uは妨害波(Undesired)の電界強度です．

同期放送を行うためには2局間の電界が等しい地点（$D/U=0$ dB）での受信品質として，主観評価で3以上が得られなければ，この地点を放送エリアにできません．するとこの地点の電界を法定電界の48dBμV/m以下に設定することになり放送エリアとするためには別の周波数が必要，すなわち非同期放送にせざるを得ないのです．つまり，同期放送が成立するための唯一の条件は「$D/U=0$ dBの地点で評価3以上の音声品質が得られること」になります．

2.2 山口放送の挑戦

山口放送は2014年（平成26年）にFM補完放送を実施するにあたり，災害対策や難聴対策として取り組みました．AMラジオの放送エリアはFM放送よりも非常に広いという特徴があります．具体的には三つの周波数と六つの送信所で県内をカバーしています．一方，既存のNHK-FMは15の周波数を使っています．

そこでFMでも同一周波数での放送エリアを広くすることがリスナーのメリットと確信し，電波の有効利用にもつながるFM同期放送でこのFM補完放送を実現したいと方針を決めました．

日本海側は隣接する韓国とのFM混信を考慮しなければなりません．日本で使える周波数は76.0～95.0MHzであるのに対し，韓国は88.0～108.0MHzです．そこで，76.0～88.0MHzの範囲で使える周波数を探しました．その結果，86.4MHzを探し出して，日本海側は86.4MHz，瀬戸内海側は親局（山口局）に割り当てられた92.3MHzの2波で県内をカバーすることにしました．

しかし，FMの同期放送は実用化が困難であるとの考えが衆知されていたため，実現にあたってパートナー探しには大変苦労しました．2014年5月，山口放送が作成したFM同期放送に関する手書きメモ（図3）を協力会社のNHKテクノロジーズ（旧NHKアイテック）から日本通信機に送付していただき，同年6月，日本通信機と共同でこの難関に挑戦することを決めました．

2.3 日本通信機の決断

日本通信機では，山口放送の難関に挑戦するという

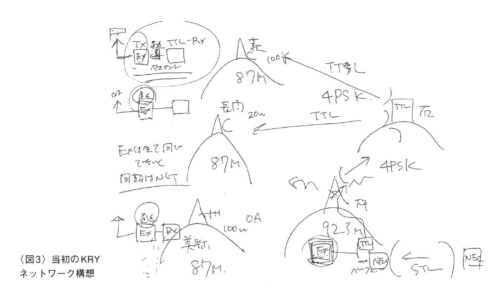

〈図3〉当初のKRY ネットワーク構想

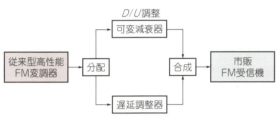

〈図4〉理想型FM同期放送の実験系統

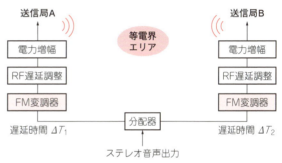

〈図5〉音声伝送回線を使った実際の放送システム系統図

意向を受けて，当時の技術基準に比べ，まったく新しい形で取り組めないかと考え，同期放送の理想状態と考えられる図4の実験系統を組み，事前確認を行いました．

この実験結果から「同期放送の品質は干渉する2波のD/Uと遅延時間差に依存するが，決定的な点はD/U＝0dBの等電界では劣化が生じない」ことがわかりました．ただし等電界では2波の搬送波位相が逆相だと，打ち消し合って，いわゆるヌル点が生じます．

しかし実際のシステムでは理想的なRF分配方式とは異なり，図5に示すようにそれぞれの送信所にFM変調器を実装することが必要になります．このことから同期放送を実現するポイントは物理的特性がまったく同一の変調器を製作できる（金太郎飴式に）ことであると考え，この実験要旨とともに以下の取り組み条件を山口放送に伝えました．

- 金太郎飴式変調器は日本通信機が全責任を持って開発する．
- フィールドで生じる予知不測の事態に対しては3社で協力して全力で解決する．
- 同期放送を実現するには，まったく同一特性をもつ変調器で構成することが必要であり，必然的に全局を日本通信機が請け負う．

今思えば大変に傲慢な条件提示でしたが，実現について100%の確信はありませんでした．むしろ不安の方が大きかったといえますが，挑戦への第一歩を踏み出すことにしました．

3 同期放送の実現へ向けた試行錯誤Ⅰ：金太郎飴式FM変調器の開発

ここでは，金太郎飴式FM変調器の開発について従来からの課題とその解決について述べます．

3.1 FM変調器の機能と物理特性

変調器の機能としては(ⅰ)中心周波数，(ⅱ)変調度，(ⅲ)プリエンファシスを含む音声周波数特性等があります．またFM信号の特徴である(ⅳ)ステレオ放送を行うためのしくみが組み込んであります．ステレオ信号生成の系統を図6に，生成されたFM波のベースバンド信号（コンポジット信号と呼ぶ）を図7に示します．

図6において$(L-R)$信号は$(L+R)$信号と周波数軸で多重するため，内蔵した38kHzの副搬送波で平衡変調します．高域のS/Nを確保するため副搬送波を抑圧して変調していますが，復調するには副搬送波が必要です．

受信側で$(L-R)$信号を復調するための副搬送波として38kHzの1/2の19kHzを$(L+R)$信号の上に多重して伝送しており，これを「パイロット信号」と呼んでいます．受信機ではパイロット信号を2逓倍して平衡変調波を復調するために利用します．

■ 3.2 物理的同一性と時間同期性

物理特性がまったく同一のものを安定的に製作するには，変調器の入力から出力（正確には変調波をD-A変換する）までの全処理をディジタル方式にし，温度や経年変化等の影響を受けなくすることだと考えました．

（i）中心周波数の同一性

高精度の周波数安定度を持つGPS同期型のOCXO型発振器を基準信号として採用し，これに同期させる方法を採用しました．安定度として$1×10^{-10}$（FM周波数帯で0.1Hz程度）の精度で実現できます．

（ii）変調度（FM変調）を正確に一致させる

ディジタル型のNCO（数値制御型 Numerical Controlled Oscillator）発振器を採用し，入力されるディジタル値に応じて一定の周波数偏移を与えるディジタルFM変調器を実現しました．これにより無変調時（音声信号がない時）の発振周波数を正確に上記の精度で得ることができます．

（iii）音声信号の周波数特性

入力する音声信号をAES-EBU形式（Audio Engineering Standard of Europe Broadcasting Union）のステレオ・ディジタル音声信号としました．またその後の処理（プリエンファシスやステレオ変調）もすべてディジタル処理方式としました．これはアナログ音声入力とした場合は最終的にはA-Dコンバータが必要となり，それまでのアナログ処理部の精度や温度による電圧や利得等の変動が同一性の確保に影響を与えるためです．

（iv）コンポジット信号の時間同期性について

図5に示したようにスタジオから各送信機までの音声の伝送時間（以下，音声遅延時間と呼ぶ）は異なります．このため，各変調器でステレオ変調時に生成するパイロット信号のタイミングを何かの基準に同期させて作らないと，時間的には音声信号とはバラバラの位相を持つコンポジット信号になり，時間的なスペクトラムの同期性が確保できません．

そこで，時間同期性の確保については次の2通りを検討しました．

● **従属同期**

図8にAES-EBU信号のフォーマットを示します．入力されるAES-EBU形式のディジタル音声信号フォーマットのフレーム信号の1ブロック周期（4ms）に同期してパイロット信号を生成する方式です．

● **独立同期**

外部の基準タイミング（例えばGPS等の1pps信号）

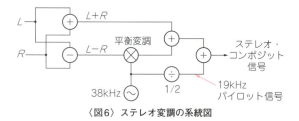

〈図6〉ステレオ変調の系統図

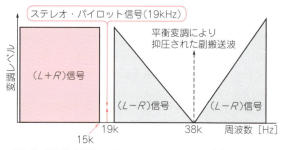

〈図7〉周波数多重（FDM）したステレオ・コンポジット信号のスペクトル

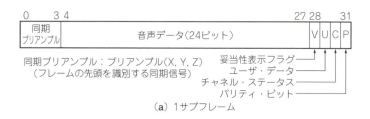

(a) 1サブフレーム

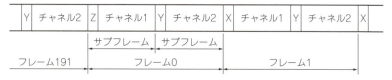

〈図8〉AES-EBUフレームの構成

2サブフレームで1フレーム，192フレームで1ブロックを構成する．
48kHzサンプリングの場合，1ブロックは192/48kHz＝4msの周期となる

(b) フレーム形式

に同期させる方式です．この場合は各送信所にGPS受信機が必要になります．また1ppsのタイミング信号を送信所までの音声信号の遅延に合わせる機能が必要になります．

当初は構成が簡単になる従属方式を採用しました．こうして実現した高精度ディジタル型変調器[1]の性能と外観を表2と写真1に示します．FM変調器に貼ってある赤字ロゴのSHPは"Super High Precision"の意味で，日本通信機の同期放送に関する機材の商標（登録済）です．

〈表2〉高精度ディジタル変調器の性能

主要諸元	単体性能	個体間偏差
無変調時の出力周波数偏差	≦ 0.2 Hz	≦ ± 0.4 Hz
最大周波数偏移量偏差	≦ 1 Hz	≦ 2 Hz
平均変調周波数の中心の揺れ量偏差	≦ 1 Hz	0 Hz
プリエンファシスの周波数特性偏差	≦ ± 0.5 dB	0 dB
ステレオ変調パイロット位相差偏差	≦ 1°	0°

4 同期放送の実現へ向けた試行錯誤Ⅱ：同期放送のフィールド検証実験

2015年7月，最初の高精度ディジタル変調型FM変調器を搭載した同期放送用送信機を使って，山口県防府市大平山（山口局）からFM放送を開始しました．写真2はその局舎と空中線鉄塔で，写真3は局舎内に据え付けた同期対応型FM 1 kW送信機です．このときは唯一の送信機であり，同期放送を確認するためのもう1台の送信機はありませんでした．

■ 4.1 第1回実験：2015年7月（従属同期の確認）

● 実験系の説明

山口放送本社の屋上で山口局を受信し，図9に示す実験系統を組み，最初の同期放送の確認実験を行いました．実験に際しては，同期確認用の信号として1 kHzのトーン信号[1]やトーン・バースト信号[1]を使用するため，深夜の放送休止時間にならざるを得ま

〈写真1〉高精度ディジタルFM変調器5946MD［日本通信機㈱］

〈写真2〉山口放送 山口局（大平山）送信所

〈写真3〉山口局の1kW FM送信機［日本通信機㈱］

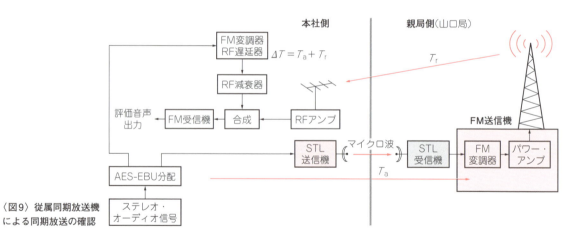

〈図9〉従属同期放送機による同期放送の確認

んでした．

　図において本社スタジオから送信所までの音声伝送回線は，従来から使用されているディジタル形式(1/4圧縮音声，QPSK変調)のマイクロ回線です．本社屋上には同期放送実験用のFM変調器を仮設しました．スタジオから送信所に伝送する音声(AES-EBUオーディオ)を2分配し，一方をこの変調器に入力し，他方を送信所(親局)へ伝送します．

　この変調器の出力を可変減衰器でレベル調整後(干渉D/Uを調整)に，遅延時間差ΔTを調整する可変遅延器を通して送信所からの受信波と合成してFM受信機の入力とし，同期受信状態をシミュレーションします．実際の可変遅延器はFM変調器に内蔵しています．

　スタジオから送信機入力までの音声遅延時間をT_a，送信所から本社屋上までのRFの遅延時間をT_rとします．T_aは事前にトーン・バースト信号を使って送信所側で計測しておきます[1]．T_rは送信所から本社までの距離から概算値を決めます．

　従属同期方式ではコンポジット信号のタイミングは前述のようにAES-EBUのフレームに同期して発生するので，送信所と本社側では同期した信号になるはずです．このとき受信機で遅延時間差を0μsに設定するには$\Delta T = T_a + T_r$とすれば良いことになります．

● 同期状態にならない

　しかし，結果はどうしても同期状態を作ることができませんでした．

いろいろと調査した結果，音声伝送回線のモデムを通すとスタジオのAES-EBUのフレーム周波数もその位相も保持されず，勝手に書き換えられるためとわかりました．気づいてみれば当たり前のことでしたが，ほとんど手探り状態でやっていたため，ディジタル・データはすべて保存されるはず…の先入観にとらわれていました．この結果から，従属同期方式は断念しました．

■ 4.2 第2回実験：2015年9月 （独立同期の確認）

当初の設計時から同期方式については従属方式と独立方式を確認するつもりだったので，装置にGPSの1pps信号入力を準備していました．この1pps信号をコンポジット信号の同期信号に採用する方式を装置に組み込み，第2回目の実験を行いました．

● 実験系の説明

このときの変調器の系統を図10に示します．また実験系統を図11に示します．前述のように基準1pps信号を伝送された音声遅延時間（T_a）の分だけ遅延させてコンポジット信号の発生タイミングを設定します．

また従属方式と同様に$\Delta T = T_a + T_r$とすることで受信機入力での遅延時間差を0μsに設定できることになります．

この方式は音声信号に同期したコンポジット信号が生成されているので2局間の同期状態を確認できました．

● D/U＝0dBのときの受信品質が悪い

一方で遅延時間差が0μs（設定誤差0.2μs以内）かつD/U＝0dBのときの受信品質（このときは1kHzトーン信号）が当初の実験に比べて芳しくありませんでした．

またもや頭を抱え込み，いろいろ検討した末に，親局の受信波と本社側変調器のスペクトラムを比較してみました．LとRともに1kHzで変調したときのFM波スペクトラム例を図12に示します．計測した結果は親局側と本社側で帯域に差があることでした．

そこで親局側と本社側をそれぞれ単独にFM受信機に入力して出力の音声レベルを確認したところ，やはりわずかに差があることに気づきました．そして結論は，音声伝送路で使われている1/4圧縮部を通すことで音声レベル自身も変化していることがわかりました．0.1dB以内ですが，この差は変調度で±750Hzを与えてしまいます．目標は±1Hz以内ですから話になりません．

● 0.0001dBの精度

これもまったく予想もしていませんでした．ディジタル回線は品質や特性が保持されるという固定観念があったためです．この課題を解決するために，変調器の入力部に0.0001dBステップの減衰器を設ける[2]と同時に，0.0001dBの精度で音声レベルを計測できるレベル測定機能を追加しました．しかし音声レベルを0.0001dBの精度で測定したことが無かったため，その手法に苦労しました．

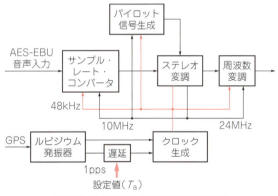

〈図10〉独立同期方式のFM変調器系統図

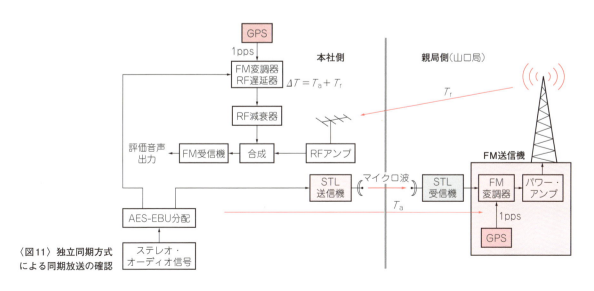

〈図11〉独立同期方式による同期放送の確認

結果としては約1kHz，実際には音声サンプリング周波数(48kHz)と相関が弱い1.001kHzの信号ピークを検出することとし，入力信号の最大値検出法によりほぼ近い性能を得ました．図13に改良したFM変調器の系統図を示します．

■ 4.3 第3回実験：2015年9月（変調度再設定確認）

実験系統は図11と同一です．入力レベルを測定するための信号はLとRともに1.001kHzとし，本社側と親局側で同時に測定します．このピーク測定のタイミングは1pps信号にあわせて5秒間かけてピーク値を測定し，本社側の計測値との偏差を親局側で入力レベル補正することで同一の変調度にすることができます．

こうして設定した同期状態は，机上の実験結果に近い満足のゆくものとなり，あとは実際のフィールドの同期エリアでの実験を待つばかりとなりました．

■ 4.4 第4回実験：2016年1～2月（フィールド実験）

2015年11月に2番目の美祢(みね)局を開局しました．この局はAMの難聴地域だったことから，従来のFM受信機で容易に聴取可能なように86.4MHzを選択し，山口局を受信して高精度の局発とRF遅延機能を内蔵させた周波数変換方式としています．

また，FM補完局の設置基準として，送信の偏波面

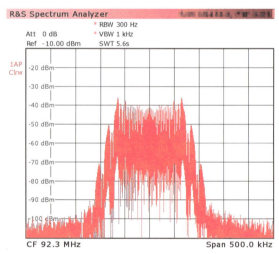

〈図12〉FMステレオ変調波のスペクトル［1kHz正弦波，変調率100%(周波数偏移：±75kHz$_{p-p}$)］

〈写真4〉石ヶ岳マイクロ中継局(山口県周南市)

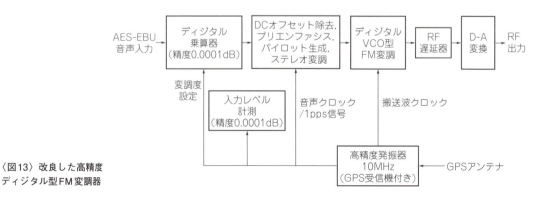

〈図13〉改良した高精度ディジタル型FM変調器

は既存局に合わせるので垂直偏波に設定しています．

　山口放送は2016年1月に，同年4月開局予定の長門局（86.4 MHz水平偏波）の実験免許を取得し，美祢局との同期フィールド実験を行う準備をしました．すなわち，美祢局と長門局とはエリアは重なりませんが，実験局の送信偏波を垂直偏波として，フィールドで低電界ながらも等電界になる地点（長門市青海島）を探し出し，ここをフィールド実験の場所に選定しました．

　実験局の長門局への音声信号伝送は山口局から石ヶ岳のマイクロ固定局（**写真4**）を通してRF-STL2段中継です．**図14**に山口放送の音声伝送ネットワークを示します．

　実験は放送休止帯の深夜に限られ，等電界の確認と遅延時間差の確認を繰り返して，安定的な結果が得られました．それにより「同期放送成立の条件は$D/U = 0$ dBとなる地点での遅延時間差を0 dBμsに設定することである」ことを確認しました．

　さらに日中に通常の番組をリスニング確認した時に時折発生する小さな唸り音に気づきました．この時点では原因は判明せず，議論と室内実験による確認を重ねました．最終的には，平均中心周波数の偏移に差があるのではないか，という点に辿り着きました．

　変調器には入力音声信号の持つ直流分で生ずる平均的な中心周波数偏移を小さくするためにDCオフセット・キャンセラを装備していました．このDCオフセット・キャンセラを1 ppsに同期して動作させる[3]ことで，この問題を解決できました．

5 同期放送の実現へ向けた試行錯誤Ⅲ：そのほかの音声伝送回線の課題

■ 5.1 IP回線

　マイクロ回線ではなくIP回線を使用してネットワークを構築した例もあります．中国放送のネットワークが最初です．IP回線では伝送時間が回線の都合で変動することについては予備知識があったので，送出側で1 ppsのタイミング信号をAES-EBU形式のディジタル信号に載せて伝送することで準備を始めました．しかし，問題はこれだけではありませんでした．このことについては文献(4)に詳しいのでご参照ください．

■ 5.2 VHF回線

　60 MHz帯および160 MHz帯を使用する回線も存在します．この周波数帯はコミュニティ放送事業者への割り当てが優先されますが，FM補完放送事業者のためにも使用例があります．例えば信越放送の長野局-高ボッチ局，長野局〜飯田局や四国放送の眉山局-池田局などです．

　この方式の特徴は送信空中線の指向性の与え方で，

〈図14〉KRY山口放送の回線ネットワーク図

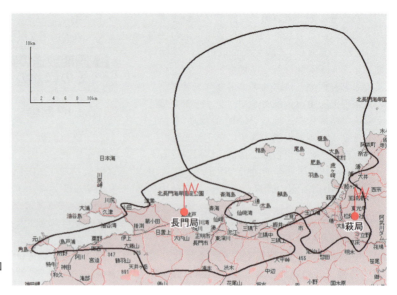

〈図15〉対面方式のエリア図
（長門局-萩局）

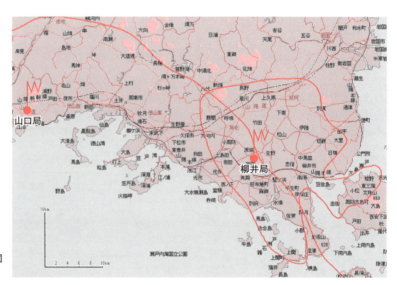

〈図16〉域内方式のエリア図
（山口局-柳井局）

1対Nの分配方式でネットワークを構成できることです．同期放送のためにはIP方式と同様に1ppsのタイミング信号を音声信号に重畳して伝送することで，伝送局間の遅延時間を計測しておく必要がなくなります．ただし，従来のマイクロ回線の伝送ではこの機能がありませんでした．製品例については日本通信機のホーム・ページをご参照ください．

6 同期放送の形態

先にも述べたようにFM補完局の建設は，既存局の聴取者のことを考えると，既存局と同一地点から同一偏波を使用することが最も適切であり，同期放送独自の都合だけを考えて建設するわけにはいきません．

ここでは局の開設にしたがって直面した同期放送の形態について紹介します．

■ 6.1 対面方式（長門局-萩局，2016年8月）

2016年8月，萩局の開局に伴い，水平偏波どうしの初めての本格同期放送を開始しました．図15のエリア図に重なりのようすを示します．この位置関係は同期放送を説明する際によくモデル化されて説明される，お互いの電波をぶつけ合う方式です．

このエリアは従来型のFM受信機で聴取できる周波数だったので，すでに多くのリスナーが存在していました．したがって，ラジオはもちろんテレビやSNSでもPRを行い，周知活動に努めました．

萩局の試験電波を発射したときから，従来の長門局のリスナーからの苦情がきたら，電波を停止して開局を断念するという覚悟で試験期間を過ごしました．と

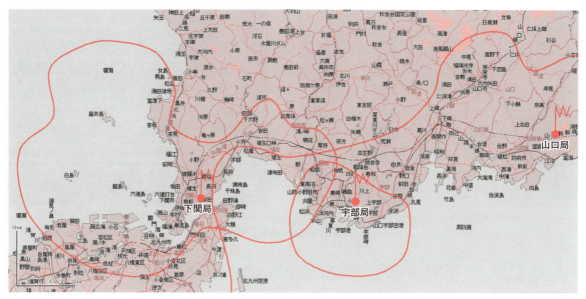

〈図17〉3波重畳方式（山口局-下関局-宇部局）

ころが苦情は無く，むしろ非常によく聞こえるようになったとのご意見を多くいただきました．

■ 6.2 域内方式（山口局-柳井局，2016年10月）

2016年10月には柳井局を開局しました．図16にエリア図を示します．従来はほとんど想定していない形式で，相手局の放送域内に同期放送局を開局しました．

92.3 MHzでは初となる同期放送の開始でした．山口局の開局から1年以上が経過し，ワイドFM（補完放送）対応の受信機リスナーが徐々に増えつつある中での開局でした．そしてこの局の成功が，総務省を含む多くの外部の識者，放送関係者の関心を集め，以降の局建設に確信を持って進めることができました．

■ 6.3 3波重畳方式 （山口局-宇部局-下関局，2018年4月）

2017年5月に下関局を開局しました．宇部エリアは下関局と山口局の2波が受信されるエリアでしたが，一部低電界を含んでいました．2018年4月の宇部局の開局では3局の電波が重なり合う3波干渉エリアとなることが自明でしたが，最後の挑戦として取り組みました．

図17にこのエリア図を示します．従来から同期品質の評価法について客観的な基準がない中，その手法開発に取り組んできました．3波干渉が起こるこの地区の開局にあたり，その客観評価を得るためにSINAD測定と主観評価の相関法を考案しました．次章で詳しく述べます．

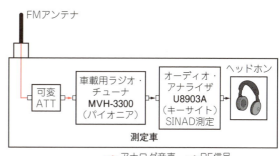

〈図18〉測定系の構成

７ 同期放送の品質とその検証

■ 7.1 SINAD測定と主観評価

SINADとはSIgnal to Noise And Distortionの略で，受信感度を表すのに使う値です．規定の入力時における音声信号レベル(S)とそれに含まれる雑音(N)とそのひずみ(D)の和を$(S+N+D)/(N+D)$の形の比で表した値であり，通常はデシベル単位で表記します．

SINADの測定は，送信所から1 kHzのトーン信号を常時送信し，受信機で受信する音声レベルとその中に含まれる雑音とひずみ成分の電力との比として図18の測定系で計測します．このためフィールド試験は深夜の放送休止時間帯に実施します．このようすを写真5に示します．

同期放送を行う各送信機から同一トーン信号を送出し，これを受信した各地点でSINADを測定します．次に通常の放送期間中にSINADを測定したのと同一

（a）測定車両（カローラ・フィールダー）

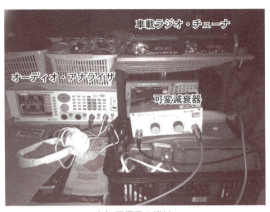

（b）評価用の機材

〈写真5〉測定車両と測定機材

〈表3〉SINAD値と主観評価の相関

SINAD	主観評価
25 dB以上	4以上
20 dB以上	3以上
15 dB以上	2以上

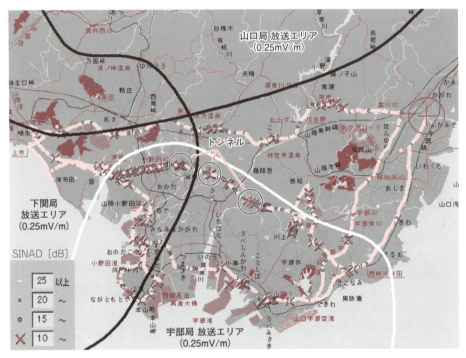

〈図19〉宇部局が開局する前のエリア状況（SINAD値）

地点で一般の受信音声を聞きながらその品質を主観評価します．表3に記したようにSINAD値が25 dBで主観評価値の4が得られます．

本測定は同一ルートを幾度もSINAD測定と主観評価を繰り返して得たものです．

■ 7.2 3波干渉エリアでのSINAD測定

宇部局の開局前に山口局-下関局の2波干渉時のSINAD測定の結果を図19に示します．図中に×印で示した地点はSINAD 10 dBの地点で，おもに低電界で生じる受信障害でした．

図20は宇部局の開局後に同一ルートで測定した結果です．大きな改善が図られたことがわかります．

■ 7.3 番組内アンケートと聴取者の反応

FM開局に伴い自社番組への参加者が増え，徐々に地域間の聴取格差が解消されました．主なリスナー意見として，「AMと番組内容は同じですが，音質でこれだけ印象が違うかという思いです」「毎朝の通勤で，チューニングを変えずにクリアな音でずっと聴けるようになりました」など，移動しても周波数を切り替えることなく，クリアな音声でラジオを聴くことができ大変便利になったとの意見をSNSやメールで多数いただきました．

また，FM開局時の公開放送では，多くの方が来場され，番組を楽しまれました．13局開局後の山口放

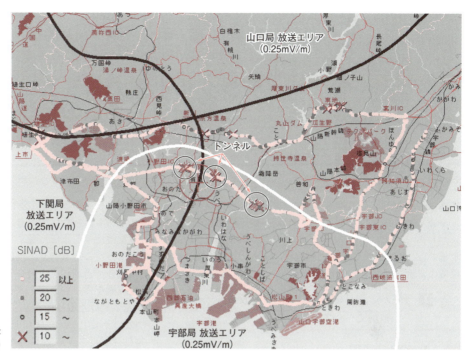

〈図20〉宇部局が開局した後のエリア状況（SINAD値）

〈表4〉FM同期放送に関連した受賞歴

年月	表彰名/賞名など	内容	授賞者
2017年6月	電波の日 総務大臣表彰	FM同期放送の実現	総務省
2017年6月	電波功績賞	デジタル型FM変調器の開発とFM同期放送システムの実用化	電波産業会(ARIB)
2018年4月	中小企業優秀新技術・新製品賞	高精度デジタル方式FM同期放送送信機	中小企業庁
2018年6月	電波功績賞	有線音声IP伝送方式によるFM同期放送システムの実用化	電波産業会(ARIB)

送ワイド番組のラジオ聴取調査では，初めてFM聴取がAM聴取を上回る結果となりました．

8 終わりに

構想着手から4年半，2018年（明治維新150年）12月の周防大島局の開局によって当初予定した13局の置局を終え，山口県のほとんどの地域でFMラジオが聴取できるようになりました．

幾度となく困難に直面しましたが，その都度「二つの送信電波をまったく同じ状態にすれば良い．音質が悪いのは二つの間で何かが異なっているのだ！」との強い思いで問題点を克服してきました．この間，総務省本省，中国総合通信局の暖かい助言や支援を受けて進め，ようやく完成に漕ぎつけることができました．

そしてこのFM同期放送技術は現在，各方面からも高い評価（表4）を受けており，まさに「山口発，電波維新」のその風は今，全国に広がっています．

またこの十数年のディジタル化とLSI化の高度な進化によりFM受信機技術のたゆまぬ発展（マルチパス対策，低レベル受信対策，干渉波対策等）が時宜を得た本同期放送の実現に大きく寄与をしていることを申し添えたいと思います．

◆ 参考文献 ◆
(1) 惠良勝治，山﨑浩介，貝嶋 誠，河野憲治，樫尾朋宏，岩木昌三；「高精度デジタル型変調器の開発とFM同期放送の実現」，映像情報メディア学会誌，Vol.71，No.12，2017年．https://www.jstage.jst.go.jp/article/itej/71/12/71_J295/_pdf
(2) 特許第6100871号（特願2015-224954）：「同期放送システム，送信装置」
(3) 特許第6196277号（特願2015-221953）：「同期放送システム，送信装置」
(4) 近藤寿志，梶田清志著；「IP回線音声伝送における遅延時間ゆらぎ抑制装置の開発」，放送技術 2017年3月号，Vol.70，No.3，pp.93～100，兼六館出版．

やまさき・こうすけ 山口放送㈱
えら・まさはる 山口放送㈱
かいじま・まこと 日本通信機㈱
かわの・けんじ 日本通信機㈱

技術解説

免許不要／申請不要で使える
150MHz帯の無線システムが新登場！

デジタル小電力コミュニティ無線システムの全貌とその実際

櫻井 稔
Minoru Sakurai

　昨年(2018年)，新しい小電力無線として「デジタル小電力コミュニティ無線システム」が150 MHz帯に割り当てられ，対応する無線機が発売されました．本稿では，この新しい小電力無線システムの概要と無線機の実例をご紹介します． 〈編集部〉

1 デジタル小電力コミュニティ無線システムの誕生

1.1 制定の背景

● きっかけは東日本大震災

　デジタル小電力コミュニティ無線システムは，免許不要の150 MHz帯特定小電力無線局です．送信出力500 mWの4値FSKデジタル変調方式で，GPS等による位置情報の検知通報を必須とする新しい無線システムです．
　この新システムが制定された契機は，2011年3月に発生し，未曾有の災害となった東日本大震災です．この震災では今までに経験したことのない津波が襲い，情報不足により誤って津波が到来する方に逃げた人や，安全なところに避難できず多くの命が失われました．そこで近隣の人と連絡を取り合うことができ，誰でも手軽に使える無線機(図1)があったら，失われずに済んだ命もあったはずと考えたのが発端でした．そのころ電波法の改正で，免許不要局の送信出力が1 W以下になったこともあり，無線機に馴染みのない人でも簡単操作で近隣の人と連絡でき，安心／安全を支援する無線機を作ろうと考えました．

● 制定に向けた取り組み

　平成23年(2011年)6月13日に総務省情報通信審議会 移動通信システム委員会から「小電力無線システムの高度化・利用の拡大」についての意見聴取があり，アイコム㈱は「緊急連絡ホーム無線」と名付けた無線システムを提案しました．しかしながらこの新しいシステムは，周波数割り当てなどのさまざまな課題があってすぐには認められず，関連機関へ地道に要望を続けていました．
　それから4年後の平成27年(2015年)5月に九州総合通信局で「小電力無線システムの高度化に関する調査検討会」が開催され，実験試験局の無線機を開発して「地域コミュニティ無線(仮称)」として実証実験を行いました．その試験結果をもとに総務省の情報通信審議会の会合で無線メーカ各社が検討と審議を重ね，150 MHz帯の動物検知通報システムと周波数を共用

〈図1〉災害情報を近隣に通報する無線機

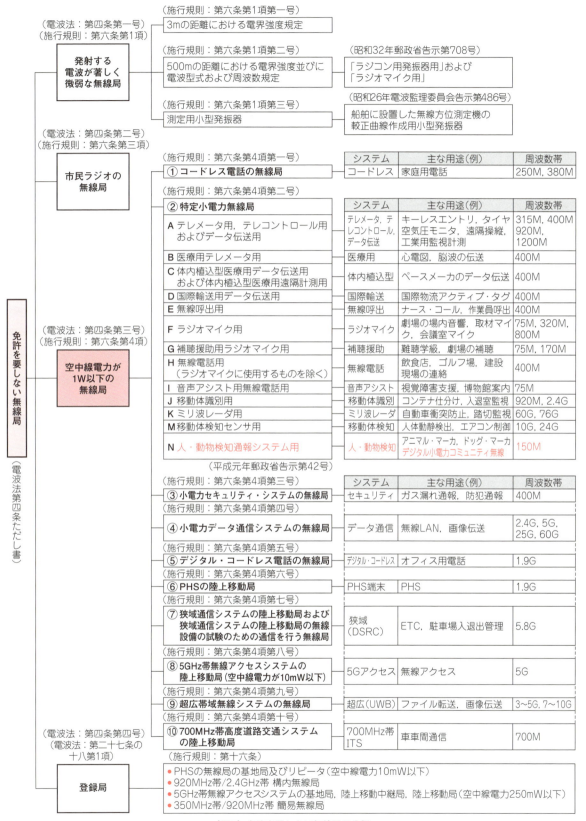

〈図2〉免許を要しない無線局の分類

して，動物検知通報システムは街中で使われないことから，デジタル小電力コミュニティ無線システムをおもに街中で使用することで，平成28年8月31日に「人・動物検知通報システム」として電波法施行規則等が改正され，制定されました．

> 電波法施行規則 第六条第4項第二号(13)
> 人・動物検知通報システム（国内において主として人又は動物の行動及び状態に関する情報の通報又はこれに付随する制御をするための無線通信を行う無線設備をいう．）用で使用するものであって、一四二・九三MHzを超え一四二・九九MHz以下及び一四六・九三MHzを超え一四六・九九MHz以下の周波数の電波を使用するもの

● ARIB標準規格と製品化

電波法令改正を受け，製品の開発に向けてARIB標準規格の策定に着手しました．無線機の開発と並行して進め，平成30年（2018年）7月26日にARIB標準規格STD-T99の付録2に「デジタル小電力コミュニティ無線システム」として規格化され，同年11月にIC-DRC1を市場投入できました．免許不要局ですので誰もが容易に購入でき，買ったその日から無線局の免許申請や登録の必要もなく使用でき，電波利用料も支払う必要がありません．

● 免許不要局が誰でも使える理由

免許不要局は多種多様な無線局があり，図2に免許を要しない無線局の分類を示します．送信出力（空中線電力）は電波法では1W以下になっていますが，それぞれの分野において省令やARIB標準規格で定められています．一般の送信出力の大きな無線機を操作するには無線局の免許以外に無線従事者の免許も必要になります．免許不要局は無線従事者の免許も必要なく誰でも使えるのですが，それは無線機に誰が使っても問題が起きないような機能の搭載が義務付けられているからです．その一つがキャリア・センスです．

これは他の人が同じ周波数を使用しているときは妨害を与えないように送信できない仕組です．デジタル小電力コミュニティ無線システムは，アンテナ・コネクタで−96dBm以上の信号を受信すると送信できません．

また免許不要局は共用波を使用します．共用波とは一つの周波数を誰もが共有して使います．しかし，一人が占有して使うと他の人が使えなくなるため，送信時間制限装置が義務付けられ，制限時間を過ぎると強制的に受信に戻ります．戻ったらすぐに送信できるわけではなく，送信休止時間を過ぎるまで再度送信できない仕組です．デジタル小電力コミュニティ無線システムの送信制限時間は1分で，送信休止時間は2秒です．

デジタル簡易無線の登録局や無線電話用の特定小電力無線局をはじめ，そのほかの免許不要局もキャリア・センス，送信時間制限装置，送信休止時間は無線局によって値は異なりますが，法令で決められています．また無線局によっては受信機能がないものがあり，これらはキャリア・センスを設けられないので，規定時間当たりの送信時間を制限しています．

これらが義務付けられ，他に妨害を与えないように規定されているので，免許不要局は誰でも問題を起こさず使えるのです．

■ 1.2 動物検知通報システムとは

動物検知通報システムは平成20年（2008年）8月に制定されました．大きく分けて「アニマル・マーカ」と「ドッグ・マーカ」があります．

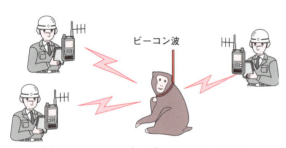

（a）リアルタイム・データ型のアニマル・マーカ

（b）ストック・データ型のアニマル・マーカ

〈図3〉動物検知通報システム「アニマル・マーカ」

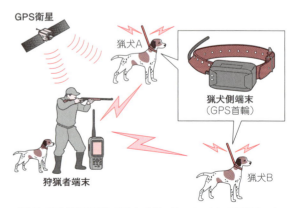

〈図4〉動物検知通報システム「ドッグ・マーカ」の利用シーン

● アニマル・マーカ

サル，シカ，クマなどに装着し，農作物被害の軽減，生活被害／人身被害の削減を目的とします．機器には，図3(a)に示すIDを送出するリアルタイム・データ型と，図3(b)に示すGPSデータなどを蓄積してデータを取得できるストック・データ型があります．

● ドッグ・マーカ（狩猟用検知通報システム）

ドッグ・マーカの利用シーンを図4に示します．狩猟者が猟犬の位置や状況を把握するため，犬に無線機器を装着して通報するシステムです．位置情報だけでなく犬の鳴き声を無線電話で聞くことで状況を把握します．また，人・動物検知通報システムに制度改正されて，狩猟者どうしの通話もできるようになりました．趣味の狩猟以外に，社会貢献としての有害鳥獣捕獲の狩猟等にも使われています．

1.3 周波数帯と空中線電力

● 人・動物検知通報システムの周波数帯

「動物検知通報システム」が「人・動物検知通報システム」に改正されたのに伴い，周波数帯がどう変わったかを図5に示します．平成20年(2008年)8月に動物検知通報システムが制定されたときは，下の142 MHz帯の周波数をチャネル間隔20 kHzで3チャネル（インターリーブで5チャネル）使用していました．それが平成28年8月に人・動物検知通報システムに改正されたときに上の146 MHz帯の周波数が追加され，チャネル間隔を6.25 kHzにしてチャネル数を18チャネルに増やしました．

なぜ4 MHz離れた所に割り当てられたかというと，ここは元々公共一般業務無線のペア・バンド（基地局等で送信と受信を異なる周波数で使用するシステム）用であり，4 MHz離れた二つの周波数を同時に使用して運用する周波数帯だったためです．したがって146 MHz帯も割り当てられましたが，人・動物検知通報システムでは一つの周波数を単信通信方式で使用します．

チャネル間隔は狭帯域化され，チャネル間隔6.25 kHzで占有周波数帯幅は5.8 kHz以下です．動物検知通報システムのアニマル・マーカやドッグ・マーカでは，占有周波数帯幅が大きい11.6 kHz以下または17.4 kHz以下で使用する場合があり，チャネル間隔6.25 kHz以外に12.5 kHzと18.75 kHz（142 MHz帯のみ）が規定されています．デジタル小電力コミュニティ無線システムはチャネル間隔6.25 kHzのみ認められ，上下の各周波数帯に9チャネルずつ割り当てられます．

- 142.934375 ～ 142.984375 MHz：ch1 ～ 9
- 146.934375 ～ 146.984375 MHz：ch10 ～ 18

デジタル小電力コミュニティ無線システムはおもに街中で使用されますが，山中で使えないということではありません．動物検知通報システムと周波数を共用しているので，サルやクマなどの出現しそうな場所ではch10 ～ ch18（呼び出しチャネル）を使用して，できるだけ混信を避けることを推奨します．

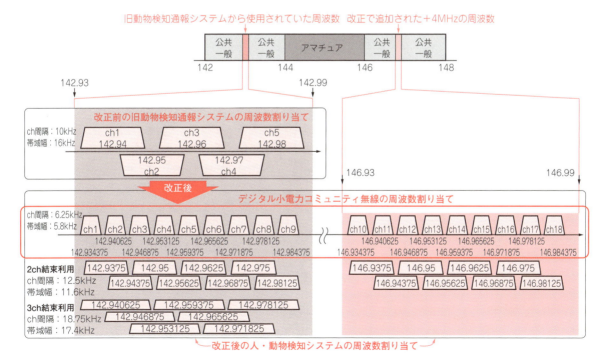

〈図5〉「人・動物検知通報システム」の周波数割り当て

● **空中線電力**(送信出力)

デジタル小電力コミュニティ無線システムの送信出力は500 mWで，400 MHz帯の無線電話用の特定小電力無線局の送信出力は10 mWであるのに対し，50倍と大きな値です．

■ 1.4 既存無線局との比較

既存の無線電話用の特定小電力無線局およびデジタル簡易無線局との比較を**表1**に示します．

2 デジタル小電力コミュニティ無線システムとは

■ 2.1 デジタル小電力コミュニティ無線システムの用途

デジタル小電力コミュニティ無線システムの利用シーンを**図6**に示します．自治会，町内会，家族間のコミュニケーションや防災の支援に，またアウトドアの連絡，高齢者や子供の見守りなど，位置情報を利用するものであれば幅広く使用できます．無線機の優位性は，携帯電話と異なり，即時性があることと複数者への同時伝達が可能である点です．必要な時にダイヤルすることなくPTTボタンを押すだけで，周りの人にすばやく通報できます．地域コミュニティにおいて簡単な操作で位置情報の通報や連絡を取り合い，安心/安全なコミュニティの構築に貢献します．

■ 2.2 概要

デジタル小電力コミュニティ無線システムの特徴的な機能を以下に列挙します．

- GPS等による位置情報を検知通報できる．
- 無線機ごとにユニークな機器IDを持っており，これにより特定の相手局の位置情報を取得できる．
- 特定の相手局の周辺音声を約10秒間送信させて状況を把握できる．
- 受信する度に送信者の機器IDを表示するので，相手を確認できる．
- 発信者名として全角6文字(半角12文字)の任意の名称を設定でき，機器IDの代わりに表示できる．
- ch18は相手局を呼び出す呼び出しチャネルで，通

〈表1〉既存無線局との比較

無線局区分	周波数帯	送信出力	無線局免許や登録	電波利用料	チャネル数
デジタル小電力コミュニティ無線局	150 MHz	500 mW以下	不要	不要	18
無線電話用特定小電力無線局	400 MHz	10/100 mW以下*1	不要	不要	47(うち27は中継用)
デジタル簡易無線(登録局)	350 MHz	5 W以下	登録が必要	必要	35
デジタル簡易無線(免許局)	150/460 MHz	5 W以下	免許が必要	必要	28/65

注▶*1：平成28年(2016年)8月に無線電話用特定小電力無線局は，一部のデジタル中継用の周波数のみ100 mW以下に改正された．

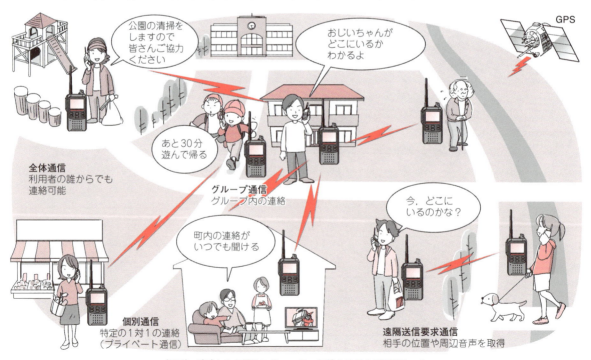

〈図6〉デジタル小電力コミュニティ無線システムの利用シーン

話チャネル(ch1～17)と同時受信(交互にスキャン)できるため，通話チャネルで待機していても，呼び出しチャネルで入感があれば受信または交信できる．
- 500mWの大きな送信出力
  無線電話用特定小電力無線の50倍の送信出力
- アンテナの取り外しが可能
- 免許不要局なので面倒な免許申請や登録の手続きは不要であり，買ってすぐに使える．
- デジタル簡易無線で必要な電波利用料や，携帯電話で必要な通話料などのランニング・コストが不要

3 IC-DRC1無線機システムの実際

3.1 IC-DRC1

外観を**写真1**，おもな仕様を**表2**に示します．

● 開発コンセプト

無線機を使ったことがない人でも簡単に操作でき使いやすいこと，デジタル無線機でもコストを抑えて安価で提供すること，携帯性を重視するため小型軽量で薄くすることをコンセプトとしました．

使いやすさの面では，今までのアナログ無線電話用の特定小電力無線局と比べて大きなLCD表示を装備し，文字を大きくして無線機に馴染みのない人でもわかりやすい用語を使った日本語表示にしました．また，充電方法も充電台による方法以外に，スマホと同様のUSB充電も採用し，災害時を考慮して充電しながらの使用も可能にしています．

安価で薄く軽くするため，ダイキャスト・シャーシを使用せず，リチウム電池は1セル(3.8V)とし，DC-DCコンバータを使用していません．プリント基板も1枚構造で生産性を向上させるとともにコスト・ダウンしました．

一般的にデジタル無線機は音声符号化処理とデジタル信号処理を行うためにDSPとマイコンを搭載しますが，IC-DRC1はマイコンのみで実現し，自社開発のボコーダ"TOKUDER"をマイコン上で動作させています．なお，TOKUDERは音声符号化方式のロイヤリティが不要です．また，デジタル簡易無線にはCSM(Call Sign Memory)と呼ばれる識別符号が省令に定められ，付与するために費用がかかりますが，デジタル小電力コミュニティ無線システムはARIB標準規格に定められた機器IDをメーカが管理して付与するため費用はかかりません．デジタル簡易無線と比較して安価になる要素は送信出力だけで，GPS受信機やFMラジオ，時計機能の分は高価になりますが，免許や登録と電波利用料が不要であり，総合的なコストパフォーマンスを向上して普及できるようにしています．

〈写真1〉デジタル小電力コミュニティ無線機IC-DRC1［アイコム㈱］

〈表2〉IC-DRC1の製品仕様［アイコム㈱］

項目	値など
送受信周波数範囲	142.934375～142.984375 MHz 146.934375～146.984375 MHz
チャネル数	18
チャネル間隔	6.25 kHz
電波型式	F1D/F1E
変調方式	4値FSK
使用温度範囲	－10～＋50℃
電源電圧	DC3.8V(BP-286：バッテリ・パック) DC4.5V(BP-295：アルカリ電池ケース) DC5.0V(DC IN：USB接続)
消費電流	送信時：600mA以下 受信時：250mA以下(外部スピーカ8Ω，音量最大時)
送信出力	500mW(+20%，－50%)
低周波出力	300mW以上(16Ω，10%歪，内部スピーカ使用時)
アンテナ・インピーダンス	50Ω
受信方式	ダブル・スーパーヘテロダイン方式
受信感度	－3dBμV_{emf}以下(BER：1×10^{-2})
外形寸法	55(W)×101.5(H)×23.1(D)mm (本体のみ，突起物を除く)
重量	約163g(付属アンテナ，バッテリ・パック装着時)

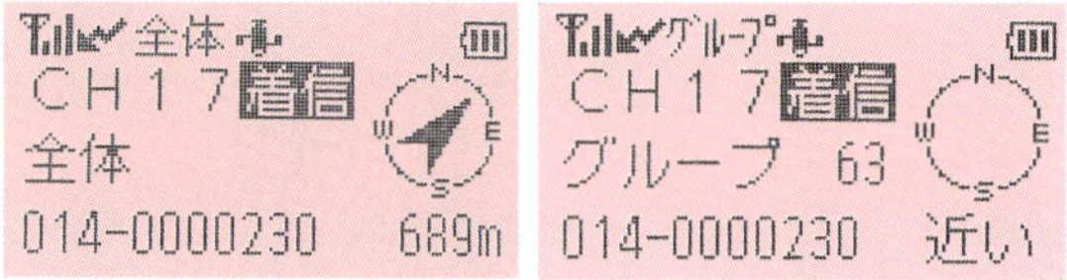

（a）相手局の方位と距離　（b）GPSを受信できない場合

〈図7〉位置情報と機器IDの表示例

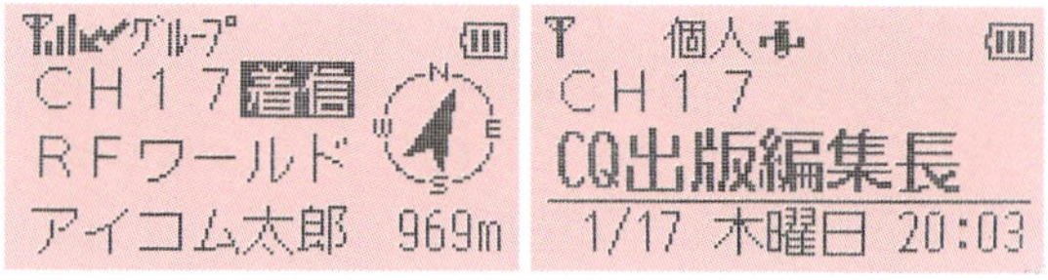

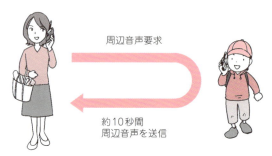

（a）発信者名の表示例1　（b）発信者名の表示例2

〈図8〉任意の名前を付けた場合の表示例

〈図9〉位置情報サーチの利用例

〈図10〉周辺音声取得の利用例

■ 3.2 特徴的な機能

● **位置情報の通報**

デジタル小電力コミュニティ無線システムは「人・動物検知通報システム」であり，位置情報の取得および通報の機能が省令により義務付けられています．

位置情報は，送信する度にGPSによって取得した情報を送信します．受信側では図7(a)に示すように，受信する度に相手局の距離と方位がLCD画面に表示されます．GPSが受信できないときは電波の強さに応じて大まかに「近い」「遠い」で距離感を表示します．

● **ユニークな機器ID**

デジタル小電力コミュニティ無線システムはARIB標準規格で定められたユニークなIDを持っています．これは機器IDと呼ばれ，図7のLCD表示の左下に示すように，受信する度に相手の機器IDが表示されます．機器IDは「メーカ・コード3桁-個体ID7桁」の形で下記のように構成されます．

　　例：014-0000230

014の3桁はメーカ・コード（014はアイコム）で，ハイフン以降の7桁の数字が個体IDの連番です．これによって，特定の相手の位置情報取得や周辺音声取得，および，1対1のプライベート通話も可能になります．なお自局の機器IDは無線機の銘板等にも表示されます．

● **発信者名表示**（機器名称表示）

機器IDの番号を見ただけでは誰だかわかり難いので，発信者名として全角6文字（半角12文字）以下の任意の名前を付けられます．例えば「アイコム太郎」と発信者名を設定すると図8(a)に示すように機器IDの代わりに発信者名が表示されます．無線機は送信する度に機器IDと発信者名の両方のデータを送信するので，スマホのように受信側の電話帳に登録しなくても，すべての受信局に発信者名を表示できます．

● **グループ通信/個別(個人)通信**

デジタル小電力コミュニティ無線システムは，選択呼び出し機能により，一斉通信（全体通信）以外に特定のグループだけと通信する「グループ通信」と，特定の相手だけ通信する「個別通信」（個人通信）を設定できます．

グループは63通り選択可能です．個別通信は特定の相手を指定する場合に機器IDを使用しますが，わかり易いように機器名称（発信者名）で指定できます．図8(a)はグループ名に「RFワールド」を，また図8(b)は個別名に「CQ出版編集長」を設定した例です．IC-DRC1の発信者名（機器名称），グループ名，個別名は，プログラミング・ソフトウェアCS-DRC1で設定します．なお，CS-DRC1は無償でダウンロードして利用できます．

● **位置情報サーチ**

通話をしなくても，図9に示すように遠隔操作で特定の相手の無線機を送信状態にさせ，位置情報を取得できます．

● **周辺音声取得**

図10のように，遠隔操作で特定の相手の無線機を送信状態にし，相手の周囲音声を約10秒間受信できます．老人や子供等，相手が送信できない状態でも周囲の音声を受信することで，相手の状況把握に活用できます．この機能はプライバシー配慮のため，要求を拒否する設定にもできます．

● **緊急通報機能**

緊急時に緊急情報と位置情報を周囲に送信し，応答

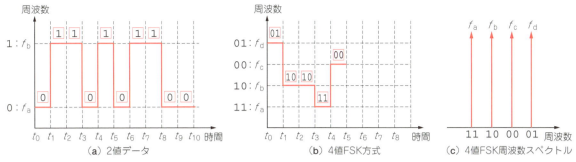

〈図11〉2値FSKと4値FSKの比較

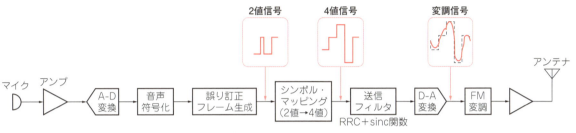

〈図12〉送信のベースバンド信号処理

があるまで緊急通報を送り続けます．応答受信後も応答緊急通報に切り替わり，救助を求め送り続けます．

● FMラジオ

災害時に無線で近隣との連絡を行うほかに，コミュニティFM等の防災情報を聞くことができます．また平常時はFMラジオやFM補完放送（AMラジオ番組）を聞けますので，ラジオを聞きながらIC-DRC1で連絡できます．無線が入感するとFMラジオはミュートして，無線の音声が優先されます．FMラジオの機能はARIB標準規格に規定のないIC-DRC1特有のものです．

4 無線システムの技術特性

4.1 4値FSK変調方式の信号処理

● 普及する4値FSK変調方式

デジタル簡易無線の普及とともに4値FSK変調方式がよく使われるようになりました．デジタル簡易無線機の変調方式としてARIB標準規格STD-T98には，4値FSK変調方式以外にπ/4シフトQPSK変調方式，RZ-SSB変調方式も規定されていますが，デジタル簡易無線機の99％以上が4値FSK変調方式を採用しています．その理由は下記のとおりです．
- 安価で消費電力が少なく，小型無線機ができる
- アナログ/デジタルのデュアル・モードが作りやすい

最近は，デジタル簡易無線だけではなく一般業務無線として，タクシーや放送連絡用，各種業務用，また防災行政無線にも使われるようになっています．デジタル小電力コミュニティ無線システムもデジタル簡易無線と同じ仕様の4値FSK変調方式を採用しています．

〈表3〉シンボルと周波数偏位

ダイビット	シンボル	周波数偏位
0 1 (f_d)	3	+945Hz
0 0 (f_c)	1	+315Hz
1 0 (f_b)	-1	-315Hz
1 1 (f_a)	-3	-945Hz

● 4値FSK変調方式とは

FMアナログ無線機の場合，モデムを使いFSK（Frequency Shift Keying）変調方式でデータ通信等を行うことができました．これは二つの周波数をシフトして使用するので「2値FSK変調方式」といいます．これに対し「4値FSK変調方式」は，デジタル信号により四つの周波数をシフトして使用する方式です．

2値FSKに対して，4値FSKが優れているところは，伝送容量が倍になることです．図11に示すように2値FSKは1単位時間で1ビットを伝送しますが，4値FSKは2ビット伝送できます．この単位を「シンボル」または「ダイビット」と呼んでおり，このときの周波数偏位（周波数シフト量）は表3のように規定されています．

またシンボル化した場合の伝送速度を「シンボル・レート」といい，4値FSKの場合は2ビットで1シンボルを符号化し，2400sps（Symbol per second）で伝送します．

● 送信のベースバンド信号処理

変調前の信号および復調後の信号を「ベースバンド

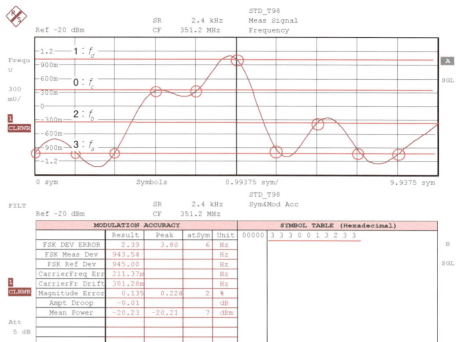

〈図13〉シグナル・アナライザで観測した4値FSKの復調波形

信号」と呼びます．送信のベースバンド信号処理の構成を図12に示します．

マイクからの信号はA-Dコンバータでデジタル信号に変換され，音声符号化が施されます．ARIB標準規格のフレーム規定に従い，誤り訂正符号化を行った後に送信フレームを生成します．この2値信号から**表3**のようにシンボル・マッピングを行い，4値信号に変換します．

デジタル信号は矩形波のため，多くの高調波成分を含んでいます．このままFM変調をかけると帯域幅が広がるため，送信フィルタにより帯域を制限します．このフィルタはRRC(root-raised cosine filter)とsinc関数($sinX/X$)を合わせたものです．デジタル・フィルタで処理後にD-Aコンバータでアナログ信号に変換してFM変調をかけます．

● 実際のベースバンド信号波形

実際の4値FSKの送信信号をローデ・シュワルツ社のシグナル・アナライザFSQを使って確認したのが**図13**の波形です．**図11(b)**のデジタル信号とはかけ離れたアナログ的な信号です．しかしよく見ると赤丸がシンボル点でデータ "3330013233" に一致していることがわかります．この変調解析のデータに対する周波数偏位は，3→－945Hz，2→－315Hz，1→＋945Hz，0→＋315Hzにそれぞれ対応します．

● 受信のベースバンド信号処理

構成を**図14**に示します．チャネル間隔6.25kHzの狭帯域では，急峻なフィルタが必要です．450kHzのIF(中間周波数)信号のフィルタリングはセラミック・フィルタを使用しますが，減衰特性や温度特性により隣接チャネル選択度を満足できません．そこで450kHzのIF信号をA-Dコンバータでデジタルに変換してFIRフィルタで減衰特性を強化します．この出力をDSPでFM復調するとともに受信フィルタをかけます．受信側のフィルタはRRCとsinc関数の逆数($X/sinX$)を合わせたものです．送受信のフィルタの総合特性はRC(raised cosine)になり，これはナイキスト・フィルタと呼ばれ，シンボル間の干渉がゼロになるように設計されています．受信フィルタの出力信号からビット再生を行い，伝送路で誤った符号を誤り訂正で復元します．フレームから音声情報を分解して取り出し，ボコーダで音声符号を復元してD-Aコンバータで音声信号に変換し，受信音を出力します．

● IC-DRC1の受信ベースバンド信号処理

従来はベースバンド信号をDSPとマイコンを使用して処理していますが，**図15**のようにIC-DRC1はマイコンのみで処理しています．

450kHzのIF信号の帯域制限にはスイッチド・キャパシタ・フィルタを採用しています．このフィルタは，狭帯域にでき，温度による特性劣化がありません．これにより，形状の大きなセラミック・フィルタや計算量の大きいFIRフィルタは不要になります．またボコーダのTOKUDERは，ARMコアのマイコンCortex-

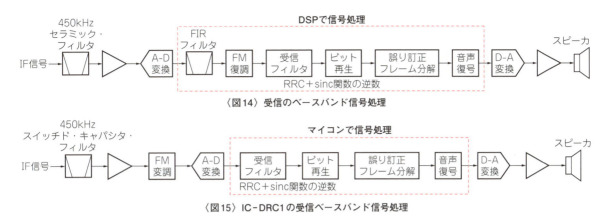

〈図14〉受信のベースバンド信号処理

〈図15〉IC-DRC1の受信ベースバンド信号処理

〈表4〉業務無線でよく使われる音声符号化方式

音声符号化方式	総合ビット・レート	音声＋誤り訂正ビット・レート	標準規格	用途等
EL-CELP	6.4kbps	3.2kbps＋3.2kbps	STD-T79	防災行政無線，各種業務無線
M-CELP	6.4kbps	3.45kbps＋2.95kbps	STD-T61	消防，救急無線
IMBE	7.2kbps	4.4kbps＋2.8kbps	TIA-102（APCO P25）	海外業務用無線（APCO P25），衛星電話
AMBE＋2	3.6kbps	2.45kbps＋1.15kbps	STD-T98，STD-T102，STD-T116	デジタル簡易無線，各種業務無線
TOKUDER	3.6kbps	2.4kbps＋1.2kbps	STD-T99付録2	デジタル小電力コミュニティ無線システム

注▶「総合ビット・レート」及び「音声＋誤り訂正ビット・レート」の値は，用途等に掲げた無線機に使われる代表値を記した．

M4上で動作し，デジタル信号のモデム処理や無線部の制御や操作系の処理を行わせてもパフォーマンスに余力があります．

このようにDSPを使わずにマイコンですべての処理を実現したことが，IC-DRC1のコスト，消費電力削減，小型化に大きく貢献しています．

4.2 音声コーデックなどの概要

デジタル無線機に音声符号器（ボコーダ）は必須です．4値FSK変調方式に使われる音声符号化方式は伝送レートの関係で圧縮率の高い（ビット・レートの低い）ものが使用されます．現在は相互接続を保つ必要もあって，デジタル簡易無線や各種業務無線では米国DVSI（Digital Voice Systems, Inc.）社製のAMBE＋2が多く使われています．

ボコーダはハードウェア（ICチップ）で供給されることもありますが，一般的にはソフトウェアで供給されます．ソフトウェア供給の場合は1台当たりやや高額なロイヤリティを払う必要があります．デジタル小電力コミュニティ無線は安価に提供する必要があり，また将来的にはその他のデジタル無線機で広く使われるボコーダとなることを目指して"TOKUDER"を自社開発しました．

● 業務無線でよく使われる音声符号化方式

音声符号化方式を比較したのが表4です．音声符号化方式は大きく下記三つに分類されます．

▶波形符号化

波形そのものを圧縮して符号化する方式で，PCMやADPCMなどがその代表です．おもに電話回線で使われADPCMはPHSにも使用されました．

▶ハイブリッド符号化

人間の音声発生機構を音源成分（声帯）とスペクトラム包絡成分（声道）とによってモデル化しそれぞれのパラメータを符号化する方式です．おもに携帯電話等で使用されますが，表4のEL-CELP，M-CELPなどは無線機でも使用されています．

▶スペクトラム符号化

人間の音声の特徴を周波数領域でモデル化し，そのパラメータを符号化する方式です．表4のIMBE，AMBE＋2および，この度開発したTOKUDERもこの符号化方式です．IMBEは衛星電話や海外業務用の無線機で使用され，AMBE＋2はおもに4値FSK変調方式の無線機に使用されています．次にスペクトラム符号化の概念について説明します．

● スペクトラム符号化の概念

▶エンコーダの構成

音声符号化に使うエンコーダの構成を図16に示します．マイクからの信号は4kHz以下の成分がA-Dコンバータに入力されて，サンプリング周波数8kHz，16ビットのデジタル信号に変換されます．ボコーダのエンコーダは，入力信号をフレーム毎（20ms単位）に解析し，ここで下記のパラメータ抽出を行い

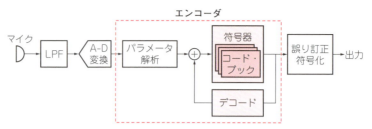

〈図16〉音声符号化に使うエンコーダの構成

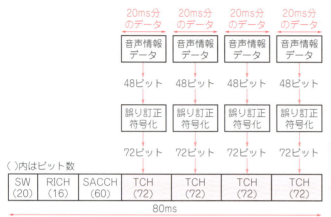

〈図17〉信号フォーマットとビット割り当て

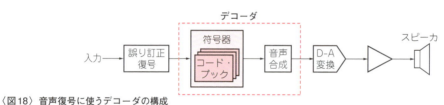

〈図18〉音声復号に使うデコーダの構成

ます．
- 有声音（母音）抽出（ピッチ周期）
- 無声音（子音）抽出
- スペクトラム（包絡線抽出）

これらのパラメータ情報をそのまま伝送できれば良いのですが，膨大な情報を送ることになるのでコード・ブック（符号帳）を利用して圧縮します．このパラメータ情報の抽出とコード・ブックにより音質が大きく左右されます．また，エンコーダはエンコードした信号をデコードして，フィードバックをかけ，エンコード前の信号と比較することにより更なる音質向上を図っています．TOKUDERの場合は，符号化された音声情報データを20 msの1フレームごとに48ビットで符号化し，その内容はほとんどがコード・ブックの情報です．これに誤り訂正符号化で24ビットの誤り訂正情報を付加して，エンコーダの出力としています．

エンコーダの出力は，デジタル小電力コミュニティ無線システムの通信用チャネル信号フォーマットへ図17のように割り当てられます．信号フォーマットは1フレーム80 msなので，20 msごとに取得した四つのTOKUDERの音声情報データをそれぞれ誤り訂正の24ビットを追加して，72ビットずつTCHに格納します．無線伝送路でビット誤りが発生してもできるだけ音質が劣化しないように独自アルゴリズムで誤り訂正をかけています．

▶デコーダの構成

ボコーダのデコーダ構成を図18に示します．デコーダは無線伝送路で誤った符号があれば訂正したうえで復号して，音声情報データを取り出します．このデータからコード・ブックを使用して復号化および音声合成を行い，D-A変換でアナログ音声信号に戻します．音声デコーダは音声エンコーダよりシンプルで，信号処理のパフォーマンスも半分以下で実現できます．

● ボコーダの評価

ボコーダの音質評価にはITU-T勧告P.800で規定されるMOS評価値（mean opinion score）とITU-T勧

告P.862のPESQ(Perceptual Evaluation of Speech Quality)と呼ばれる方法を使用することが一般的です．MOS評価は主観法による測定で，被験者は感じる音質を5段階で評価します．PESQはスペクトラムひずみに着目した客観評価モデルであり，ITU-T勧告で規定された方法をパソコンなどでソフトウェアにより機械的に評価できます．

PESQによるTOKUDERの平均評価値はデジタル簡易無線機で使用されるボコーダに比べて少し上回っています．ボコーダの評価項目はこればかりでなく多様で，雑音環境下での使用感や，ノイズ抑圧等の微妙な処理が必要で独自の方法で評価しています．

● ARIB標準規格における音声符号化方式の標準化

デジタル小電力コミュニティ無線システムのARIB標準規格STD-T99付録2ではTOKUDERを推奨し，特定のビット列を使用した相互接続試験を規定しています．したがって，アイコム社から他メーカにTOKUDERを供給することにより，デジタル小電力コミュニティ無線システムの相互接続を保つことができます．またこれから規格化するデジタル無線機でもTOKUDERを普及させたいと考えています．

■ 4.3 アンテナ

アンテナ(空中線)は取り外し可能ですが，利得が2.14 dBi以下に制限されます．屋外アンテナを含む外部アンテナも使用できますが，技術基準適合証明を取得したものに限られるので，アマチュア無線用のアンテナや自作アンテナは使用することはできません．

● 携帯機アンテナの利得

150 MHz帯の電波は，400 MHz帯に比べて自由空間損失が少なく，障害物を回り込む回折も大きいため，アンテナ利得が同じなら飛距離も遠くなります．

利得はアンテナの形状でも左右されます．一般に周波数が低いとアンテナは大きくなります．携帯機は1/4波長のアンテナが使われますが，1/4波長の長さは，デジタル簡易無線の467 MHzでは16 cmで，デジタル小電力コミュニティ無線の145 MHzでは52 cmです．IC-DRC1の付属のアンテナは15 cmなので，約1/3.5に短縮してあり，アンテナは小さい(実効長が短い)ほど利得が下がります．

またアンテナのグラウンド側も性能に影響します．たとえば1/2波長のダイポール・アンテナは1/4波長のホット側と1/4波長のグラウンド側を合わせて2.14 dBiの利得になります．携帯型無線機のアンテナはこのグラウンド側がありませんが，実は無線機本体がその役割をします．したがって周波数が低い無線機は筐体も長い方が利得には有利になりますが，52 cmに対しIC-DRC1の高さは10 cmしかないので，グラウンド側もUHF帯無線機に比べると不利になります．

UHF帯の携帯型無線機に比較して小型のVHF帯のアンテナの利得が3 dB小さい場合，放射される電波の強さは半分になります．また受信も同じアンテナを使用するので受信感度も3 dB悪化します．したがって送受信では半分の半分の影響を受け，デジタル小電力コミュニティ無線システムの500 mWは，実質125 mW相当になると考えられます．

しかしデジタル小電力コミュニティ無線システムのアンテナは，特定小電力無線局でありながら交換できます．そこでアンテナ・メーカから発売される高利得アンテナや屋外アンテナなどを使えば，本来の150 MHz帯の伝搬特性の恩恵を受けることができます．

● 携帯機アンテナのマッチング(整合性)

アンテナ利得のほか重要なことは，マッチング(整合性)です．アンテナは使用するすべての周波数範囲でマッチングが取れていることが望ましいです．

無線機の筐体がアンテナのグラウンド側の役割をする話をしましたが，それにプラスして無線機を持つ手や腰につけたときの人体が影響します．つまり携帯機アンテナのマッチングは，無線機を手に持っている状態や腰につけた状態でマッチングを取るようにしています．

なお，使用する周波数範囲が広いと，すべてをカバーすることが困難になります．デジタル小電力コミュニティ無線システムの周波数帯は上下に4 MHz離れているので，アンテナは広帯域にする必要があります．そのためにはアンテナを長くする必要があり，長くすれば携帯性が損なわれるという二律背反の関係があります．そこでIC-DRC1は，ロング・アンテナ(15 cm)を標準で付属しており，飛距離を必要としないユーザには別売でショート・アンテナ(8 cm)を準備しています．

ロング・アンテナとショート・アンテナのSWR特性を図19に示します．これは実際の無線機に装着した状態の特性で，二つのマーカ間が無線機の使用周波数範囲です．測定結果からロングとショート・アンテナの帯域幅の違いがわかります．なお，ショート・アンテナは帯域幅が狭いため上側周波数帯(ch10～18)で使用することを推奨します．

■ 4.4 実際の飛距離(伝搬特性)について

● 街中の伝搬特性

IC-DRC1の飛距離について，街中と開放地について実験した結果を図20と図22に示します．いずれもロング・アンテナを使用し，メリット(メリット5が最良)で評価しています．

図21は図20に記した測定地点の街中の地図です．東京都中央区浜町の隅田川から，東の方向に距離を延ばして行きました．

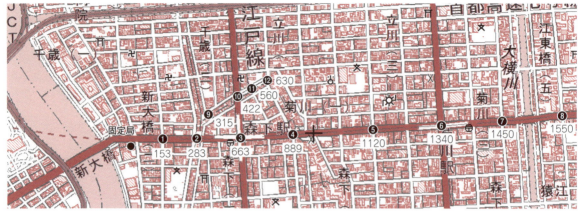

〈図21〉図20の測定地点(東京都中央区浜町付近；数字は固定局からの距離 [m])

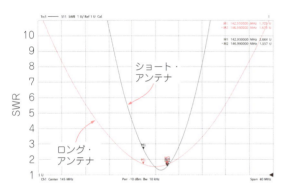

〈図19〉ロング・アンテナとショート・アンテナのSWR周波数特性(中心145 MHz，スパン40 MHz)

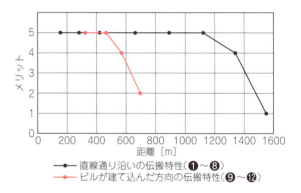

〈図20〉街中の伝搬特性

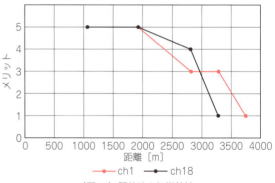

〈図22〉開放地の伝搬特性

地図上の位置❶〜❽は直線通り沿いを測定したもので，図20の結果により1 km以上離れてもメリット5で通信できています．これに対し位置❾〜⓬は直線道路からそれてビルが建て込んだ障害物の多い伝搬特性で，約500 m付近からメリットが悪くなっていることがわかります．

● 開放地の伝搬特性

伝搬特性を測定した場所の風景を写真2に示します．場所は千葉県の利根川付近で，0 mの測定点から移動局側をみたもので，写真にあるように田畑の広がったところです．測定結果は図22に示すように約2 kmまではメリット5で通信できています．飛距離は環境により異なりますが，街中で500 m，郊外で1 km，見通しで2〜3 kmぐらいです．

5 関連製品と今後について

5.1 関連製品

● 位置情報表示ソフトウェア(RS-DRC1)

GPS位置情報表示ソフトウェアを使うとIC-DRC1の位置情報をパソコンで地図上に表示できます．ソフトウェアを無償でダウンロードしてパソコンにインストールし，USBケーブルでIC-DRC1に接続すれば，これを親機として簡単な操作で子機の位置情報を取得できます．

図23はパソコン画面の表示例です．子機の位置情報は親機から要求するか，子機の電波を受信することにより表示できます．また子機のアイコンにカーソルを合わせると，ポップアップで無線機名称，取得時間，高度を確認できます．

〈写真2〉
図22の測定場所付近の風景

〈図23〉GPS位置情報表示ソフトウェア（RS-DRC1）の表示例

● 現状の課題と今後の方針など

　IC-DRC1はデジタル小電力コミュニティ無線システムの初代機なので，今後はスマホにない迅速な連絡手段，または災害時の防災支援ツールとしてさらに進化させたいと考えています．

　九州総合通信局で行われた調査検討会の報告書には，小型の簡易端末も想定されています．具体的には，老人や子供の見守り用としてIC-DRC1では大きいので，位置情報検知機能だけ限定した防犯ブザー・サイズの簡易端末ですが，他にも，LPWA (Low Power Wide Area)を利用して位置情報のエリアを拡大した端末との融合，位置情報をBluetoothでスマホの地図に表示する機能，FMラジオ以外に防災行政無線の同報無線を受信する機能，アナログ・テレビの跡地周波数帯のマルチメディア放送との融合なども考えられます．

　免許不要局だからこそ誰でも馴染める無線機として，レジャーや地域コミュニティの連絡用として活用でき，地震/台風/豪雨等の災害時に役立ち，防災の必需品として認知され，世の中の安心/安全に貢献できる無線機にしたいと考えます．

◆参考文献◆

(1) 一般社団法人 電波産業会；「デジタル簡易無線局の無線設備」，ARIB標準規格STD-T98 第1.4版 2014年12月16日．
https://www.arib.or.jp/kikaku/kikaku_tushin/std-t98.html

(2) 一般社団法人 電波産業会；「特定小電力無線局150 MHz帯人・動物検知通報システム用無線局の無線設備」，ARIB標準規格STD-T99 第4.0版 付録2 デジタル小電力コミュニティ無線システム，2018年7月26日．
https://www.arib.or.jp/kikaku/kikaku_tushin/std-t99.html

(3) 情報通信審議会 情報通信技術分科会 移動通信システム委員会；「小電力無線システムの高度化・利用の拡大」関係者からの意見聴取「新たな無線システムの提案 防災＆防犯用 緊急連絡ホーム無線：仮称」
意見陳述者 氏名 小川 伸郎 2011年6月13日．
http://www.soumu.go.jp/main_content/000121409.pdf

(4) 九州総合通信局；「小電力無線システムの高度化に関する調査検討会」報告書，2016年3月．
http://www.soumu.go.jp/main_content/000404318.pdf
http://www.soumu.go.jp/main_content/000404319.pdf

(5) 情報通信審議会 情報通信技術分科会 陸上無線通信委員会；報告 概要「小電力の無線システムの高度化に必要な技術的条件」のうち「特定小電力無線局の高度化に係る技術的条件」（150 MHz帯，400 MHz帯および1200 MHz帯特定小電力無線局の狭帯域化等），平成28年3月．
http://www.soumu.go.jp/main_content/000411619.pdf

さくらい・みのる　アイコム㈱ソリューション事業部

技術解説

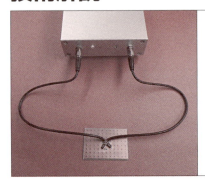

シャント・スルー法やシリーズ・スルー法を使って
15Ω以下や，177Ω以上を精度よく測ってみよう！

VNAで低/高インピーダンスを測る テクニックとziVNAuによる測定例

富井 里一
Tommy Reach

　本稿では，まずVNA（ベクトル・ネットワーク・アナライザ）で50Ωより低いインピーダンスや50Ωより高いインピーダンスを測定する手法を紹介します．VNAを使えば，LCRメータでは測定できないような高い周波数のインピーダンスを測定することができます．

　そして本誌No.35の特集で紹介した簡易VNA "ziVNAu"（DZV-1）を利用した測定例を紹介します．低インピーダンスの例としては，VNAとは縁がなさそうな直流電源のインピーダンスを測定します．高インピーダンスは，アマチュア無線の送信電波によるTVIなどの障害対策に利用するコモン・モード・チョークを測定します．

　対応するziVNAuのPCアプリ（ziVNAu.exe）のバージョンは19.4.25.0で下記から無料でダウンロードできます．
▶ http://www.rf-world.jp/go/4602/

１ VNAによるインピーダンス測定

　VNAのインピーダンス測定は，S_{11}やS_{22}の測定データをスミス・チャートに表示して値を読むのが一般的だと思います．しかし，スミス・チャートは中心から離れた座標では，インピーダンスのスケールが圧縮されてしまい，期待した測定精度が得られないことがあります．

■ 1.1 反射法，シャント・スルー法，シリーズ・スルー法

　図1はVNAでインピーダンス測定をするときの接続です．反射法，シャント・スルー法，シリーズ・スルー法[1]の3種類があります．スミス・チャート上でS_{11}からインピーダンスを読み取るのは「反射法」です．これら3種類は，それぞれ測定精度が良い範囲が異なります．

■ 1.2 15Ω以下はシャント・スルー法，177Ω以上はシリーズ・スルー法

　図2は各測定法の誤差を示すグラフです．横軸は測定するインピーダンスの真値です．縦軸は，測定値であるSパラメータが0.1dB異なるときのインピーダン

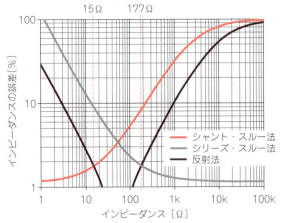

〈図2〉各測定法の誤差（計算値）

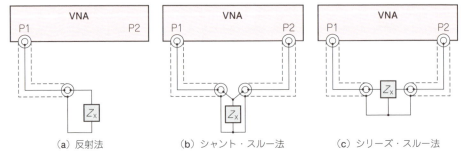

〈図1〉VNAを使ってインピーダンスを測る三つの基本接続

関連プログラムは下記からダウンロードできます：
http://www.rf-world.jp/go/4602/

ス誤差率を示します．カーブ特性が下に落ち込むほど，真値に近い測定値が得られることを意味します．

測定値が15Ωから177Ωの範囲では一般的な反射法が最も誤差が少ないですが，それより低いインピーダンスではシャント・スルー法が，それより高いインピーダンスではシリーズ・スルー法の誤差が少ないことがわかります．

2 Sパラメータからインピーダンスを求める式

■ 2.1 S_{11}からインピーダンスを求める式（反射法）

図3に示す回路において，負荷のインピーダンスZと信号源インピーダンスZ_0が同じとき，送る電圧V_{1F}は式(1)に，V_{1R}は式(2)[2]のようにそれぞれ組み立てることができます．

$$V_{1F} = \frac{E_1}{2} = \frac{V_1 + I_1 Z_0}{2} \cdots\cdots\cdots (1)$$

$$V_{1R} = V_1 - V_{1F} = V_1 - \frac{E_1}{2} = V_1 - \frac{V_1 + I_1 Z_0}{2}$$
$$= \frac{2V_1}{2} - \frac{V_1 + I_1 Z_0}{2} = \frac{V_1 - I_1 Z_0}{2} \cdots\cdots (2)$$

そして，V_{1F}/V_{1R}の式(3)からS_{11}が求まります．ここまで文献(2)にもう少し詳しく記載しています．

$$S_{11} = \frac{V_{1R}}{V_{1F}} = \frac{V_1 - I_1 Z_0}{V_1 + I_1 Z_0} = \frac{Z_1 - Z_0}{Z_1 + Z_0} \cdots\cdots (3)$$

さらに，Z_1を求める式(4)に変形することで，測定したS_{11}から被測定デバイスのインピーダンスを求める反射法の式になります．

$$Z_1 = Z_0 \frac{1 + S_{11}}{1 - S_{11}} \cdots\cdots\cdots\cdots\cdots\cdots (4)$$

■ 2.2 S_{21}からインピーダンスを計算する その1：シャント・スルー法

● S_{21}を求める基本式

図4に示す2ポートの回路からS_{21}を求めると，式(5)[2]になります．このとき，解きやすいように二つの負荷は信号源インピーダンスZ_0と同じです．

$$S_{21} = \frac{V_{2R}}{V_{1F}} = \frac{V_2 - \frac{0}{2}}{\frac{V_1 + I_1 Z_0}{2}} = \frac{2V_2}{V_1 + I_1 Z_0} \cdots\cdots (5)$$

$$V_{2R} = V_2 - V_{2F} = V_2 - \frac{E_2}{2} \cdots\cdots\cdots\cdots (6)$$

ただし，V_{1F}は式(1)をV_{2R}は式(6)[2]をそれぞれ利用します．文献(2)にもう少し詳しく記載しています．

● Z_Pを求める式

式(5)を元に，シャント・スルー法の接続をした回路から被測定デバイスのインピーダンスZ_Pを求める式にしてゆきます．

図5(a)は，シャント・スルー法の接続にS_{21}を解く情報を加えた回路図です．そして，被測定デバイスのインピーダンスZ_Pを求めやすくするために変形した回路図が図5(b)です．図5の回路図を式(5)（S_{21}を求める式）に当てはめて整理したものが式(7)です．S_{21}とZ_Pを含む式になりました．

$$S_{21} = \frac{2V_1}{I_1 Z_0 + V_1} = \frac{2 I_1 \frac{Z_P Z_0}{Z_P + Z_0}}{I_1 Z_0 + I_1 \frac{Z_P Z_0}{Z_P + Z_0}} = \frac{Z_P}{Z_P + \frac{1}{2} Z_0}$$
$$= \frac{Z_P}{Z_P + 25} \cdots\cdots\cdots\cdots (7)$$

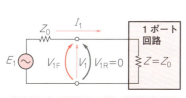

〈図3〉負荷をZ_0にしたときの1ポート回路

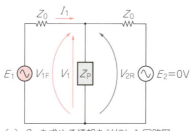

(a) S_{21}を求める情報を付加した回路図

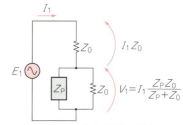

(b) Z_Pを求めやすく回路を変形

〈図5〉シャント・スルー法のS_{21}を求める2ポート回路

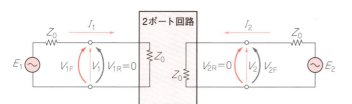

〈図4〉負荷をZ_0にしたときの2ポート回路

V_{1F}：信号源E_1が送る電圧
V_{1R}：信号源E_1に戻る電圧
ただし，E_1から電圧を送るときE_2は0Vとする

V_{2F}：信号源E_2が送る電圧
V_{2R}：信号源E_2に戻る電圧
ただし，E_2から電圧を送るときE_1は0Vとする

ただし，$Z_0 = 50\,\Omega$ とします．そして，Z_P を求める式に変形すると式(8)になります．

$$Z_P = 25\frac{S_{21}}{1 - S_{21}} \quad \cdots\cdots\cdots\cdots\cdots\cdots (8)$$

つまり，シャント・スルー法の接続をしたときの測定値 S_{21} を式(8)に代入することで被測定デバイスのインピーダンスが求まります．

■ 2.3 S_{21} からインピーダンスを計算する その2：シリーズ・スルー法

図6(a)は，シリーズ・スルー法の接続に S_{21} を解く情報を加えた回路図です．そして図6(b)は，被測定デバイスのインピーダンス Z_S を求めやすく整理した回路図です．ここから S_{21} を求める式(5)に当てはめて整理します．このとき Z_0 は50Ωとすると，式(9)に整理できます．そして，Z_S を求める式に変形すると式(10)になります．

$$S_{21} = \frac{2V_1}{I_1 Z_0 + V_1} = \frac{2 I_1 Z_0}{I_1 Z_0 + (Z_S + Z_0)I_1} = \frac{2 Z_0}{2 Z_0 + Z_S}$$
$$= \frac{100}{100 + Z_S} \quad \cdots\cdots\cdots\cdots (9)$$

$$Z_S = 100\frac{1 - S_{21}}{S_{21}} \quad \cdots\cdots\cdots\cdots\cdots (10)$$

シリーズ・スルー法で接続したときの測定値 S_{21} を式(10)に代入することで，被測定デバイスのインピーダンスが求まります．

3 ziVNAu のシャント・スルー法とシリーズ・スルー法

■ 3.1 ziVNAu 設定の概要

ziVNAu のシャント・スルー法やシリーズ・スルー法の測定は，S_{21} の測定データからインピーダンスを計算してグラフに表示します．その操作は以下の流れです．

① 通常の S パラメータ測定のように周波数やそのほかのパラメータを設定

② S_{21} に関係する校正（S_{21} スルー校正やフル2ポート校正）

③ 測定モードをシャント・スルー法またはシリーズ・スルー法に切り替え

④ 表示するグラフ切り替え（インピーダンス，リアクタンス，レジスタンス）

■ 3.2 シャント・スルー法やシリーズ・スルー法の測定モードとグラフの切り替え

PCアプリ（ziVNAu.exe）を起動して，以下の操作をすることで切り替えます．

① シャント・スルー法の測定モードに切り替え（図7）

メイン・ボタン群の［MEAS］ボタンをクリックし，ファンクション・ボタン群の［SHUN-THRU］ボタンをクリックします．

ここで［SERI-THRU］ボタンをクリックすればシリーズ・スルー法の測定モードになります．

② グラフの切り替え（図8）

メイン・ボタン群の［FORM］ボタンをクリックし，ファンクション・ボタン群の［|Zp|］ボタンをクリックします．これで縦軸ログ・スケールのインピーダンスを表示するグラフに切り替わります．

■ 3.3 シャント・スルー法のグラフ

シャント・スルー法の専用グラフは四つです．いずれも，式(8)を利用してインピーダンス Z_P を計算してからそれぞれのグラフに表示します．

- $|Z_P|$：インピーダンス・グラフ（ログ・スケール）
- $|X_P|$：リアクタンス・グラフ（ログ・スケール）

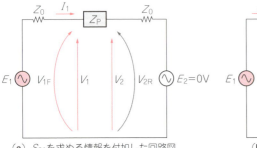

(a) S_{21} を求める情報を付加した回路図

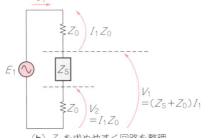

(b) Z_S を求めやすく回路を整理

〈図6〉シリーズ・スルー法の S_{21} を求める2ポート回路

〈図7〉測定モードをシャント・スルー法やシリーズ・スルー法に切り替える操作

リアクタンスが高い/低いがわかりやすい．
- X_P：リアクタンス・グラフ（リニア・スケール）
誘導性と容量性を見分けるのに便利．プラスは誘導性，マイナスは容量性．
- R_P：レジスタンス・グラフ

■ 3.4 シリーズ・スルー法のグラフ

シリーズ・スルー法の測定モードのとき，メイン・

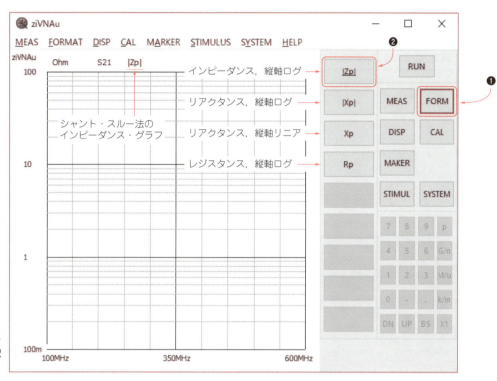

〈図8〉シャント・スルー法の各グラフ選択画面

〈図9〉シリーズ・スルー法の各グラフ選択画面

ボタン群の［FORM］ボタンをクリックすると図9のように四つのグラフを選択できます．グラフの種類はシャント・スルー法と同じです．

4 ziVNAuでシャント・スルー法を活用する：回路の電源インピーダンス測定

■ 4.1 測定する電源配線の構成と接続

低いインピーダンス測定の例として，ziVNAuユニットの，IC_{23}のV_{CC}ピン（ミキサSA612Aの8番ピン）から見た5V電源ラインのインピーダンスを測定します．

写真1が測定系です．ziVNAuのポート1とポート2から来た同軸ケーブルは，IC_{23}のV_{CC}ピンの銅箔パターンに接続し，この部分から見たインピーダンスを測定します．このときIC_{23}は取り除いています．

図10は，測定する5V電源ラインの部品構成と配線長を示したものです．レギュレータ（IC_7）から測定点までの長い配線と，その間にいくつものコンデンサを経由してIC_{23}のV_{CC}ピンに届くことがわかります．

$100\mu F$のコンデンサはOSコン，$0.22\mu F$はチップ積層セラミック・コンデンサです．

■ 4.2 注意：被測定ユニットの電源はOFFにして測定すること

理由は二つです．

● ポート1とポート2の抵抗ブリッジの損傷を防ぐ

被測定ユニットの電源が入った状態で測定すれば，レギュレータ回路の特性も合わせて測定できます．しかし，被測定ユニットの電源を入れた状態で測定すると，被測定ユニットのDC5VがziVNAuのポート1とポート2の抵抗ブリッジ回路でそれぞれ500mW消費することになります．抵抗ブリッジ回路のチップ抵抗器は定格100mWですから，チップ抵抗器が焦げてしまいます．

● 電源から出るパルス性ノイズによるIC破壊を防ぐ

今回は該当しませんが，レギュレータ回路がDC-DCコンバータの場合，コンバータから出るパルス性のノイズが抵抗ブリッジに接続される各ICを壊す可能性があります．

■ 4.3 ziVNAuの設定パラメータ

通常のSパラメータ測定と同じように周波数範囲，ポイント数とDSPを設定します．また，グラフ横軸（周波数）をログ・スケールに変更します．どれも，メイン・ボタン群の［STIMUL］ボタンをクリックして現れるファンクション・ボタン群の中で設定できます．各設定値を表1にまとめます．

操作を忘れたときは「DZV-1取り扱い説明書」[3]が便利です．

■ 4.4 ziVNAuと被測定ユニットの接続

ziVNAuと被測定ユニットを細い同軸ケーブルで接続します．今回は両端にSMAコネクタが付いた長さ0.5mの安価なRG-174/Uケーブル（SMA-05：50Ω，カモン製，千石電商扱い）を加工しました．

具体的には，ケーブルの中央部5mm程度の内導体

〈写真1〉ziVNAuと被測定基板を接続したようす

〈表1〉電源インピーダンスを測定するときの設定

設定項目	設定値
Start	100 kHz
Stop	500 MHz
Points	201
DSP	Heavy
Frq Typ	Log

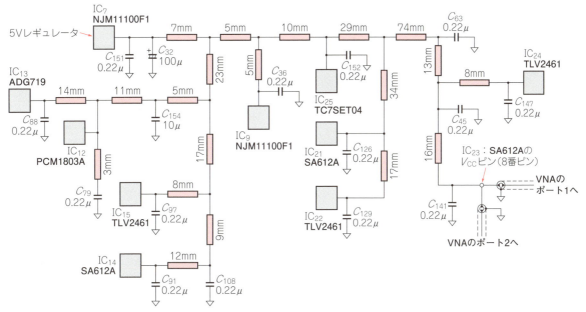

〈図10〉測定する基板の5V電源ラインの部品構成と配線長

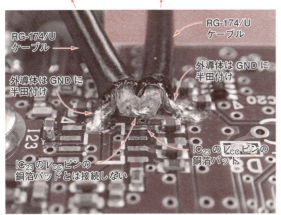

(a) S_{21}スルー校正の接続

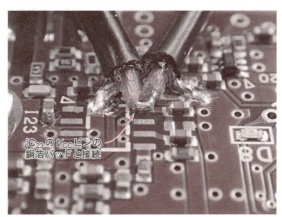

(b) シャント・スルー法で測定する接続

〈写真2〉ziVNAuと被測定基板の接続部クローズアップ

を露出させます．外導体は切断しますが内導体は切断しません．写真2(a)のように，切断した外導体の2か所と被測定ユニットの測定位置に近いGNDパターンにはんだ付けします．これで，切断した同軸ケーブルの外導体は，被測定ユニットのGNDを経由して導通したことになります．内導体とV_{CC}ピンの銅箔パターンはまだ接続しません．この状態でziVNAuを校正します．

■ 4.5 ziVNAuの校正

フル2ポート校正は正確な測定が得られます．しかし，細い同軸ケーブルの先端をはんだ付けする今回の例では，S_{21}スルー校正が現実的です．

写真2(a)の状態で，メイン・ボタン群の［CAL］ボタンをクリック，ファンクション・ボタン群の［RESP］ボタンをクリック，さらに［THRU］ボタンをクリックしてスルー校正します．

■ 4.6 ziVNAuの測定モードとグラフの切り替え

シャント・スルー法の測定モードに切り替え，容量性/誘導性の周波数帯を見分けるためにグラフを縦軸リニア・スケールのリアクタンス(X_P)にします．

① シャント・スルー法のモードに切り替え

メイン・ボタン群の［MEAS］ボタンをクリックし，ファンクション・ボタン群の［SHUN-THRU］ボタンをクリックします．

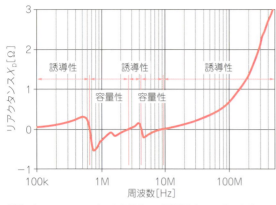

〈図11〉IC_{23}のV_{CC}ピンから見た5V電源ラインのリアクタンス特性（実測）

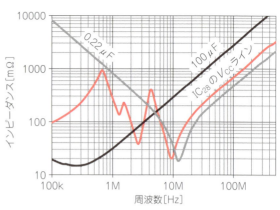

〈図12〉IC_{23}のV_{CC}ピン，100μF，0.22μFのインピーダンス特性（実測）

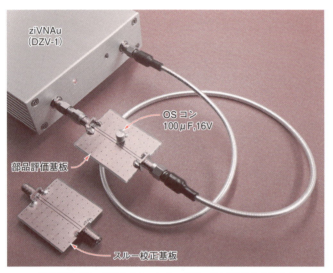

〈写真3〉100μF単体をシャント・スルー法で測定するようす

②グラフをリアクタンス（X_P）に切り替え

メイン・ボタン群の［FORM］ボタンをクリックし，ファンクション・ボタン群の［X_P］ボタンをクリックします．

■ 4.7 いよいよ測定

写真2（b）のように，ケーブル内導体を測定するV_{CC}ピンの銅箔パッドとはんだ付けします．

グラフはすでにリアクタンス（X_P）に切り替え済ですから，［RUN］ボタンをクリックすることで測定が始まります．また，グラフはスイープするたびに更新されます．

図11は測定したリアクタンス特性です．縦軸のプラスは誘導性，マイナスは容量性です．

100 kHzから10 MHzの間は，容量性と誘導性が交互に入れ替わる特性です．一方，10 MHz以上では誘導性で，高い周波数ほどリアクタンスは高い値を示し

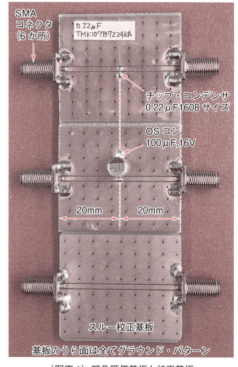

〈写真4〉部品評価基板と校正基板

ます．

■ 4.8 考察

測定したカーブ特性になる要因調査として，5V電源ラインに使用する100μFと0.22μFの単体特性もグラフに重ねます．今度は，インピーダンス$|Z_P|$で比較します．容量性と誘導性の判別はできませんが，レジスタンスとリアクタンスの両方の情報が含まれ，かつ，ログ・スケールなので，波形全体の把握に便利なグラフです．

図12は，測定したインピーダンス特性$|Z_P|$です．赤

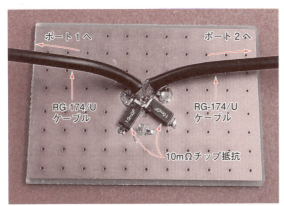

(a) RG-174/Uケーブルによる測定

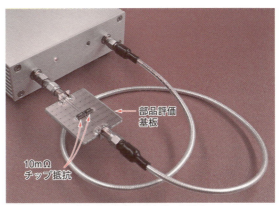

(b) 部品評価基板を使った測定

〈写真5〉5mΩを測定するようす

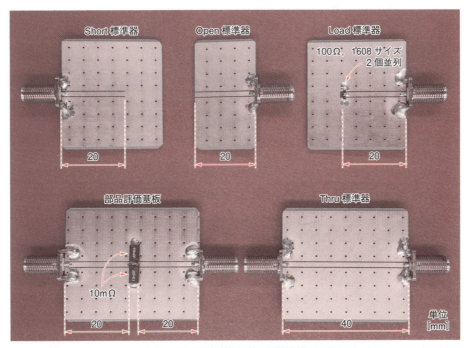

〈写真6〉10mΩチップ抵抗器2個を実装した部品評価基板と校正標準器(基板のうら面は全てグラウンド・パターン)

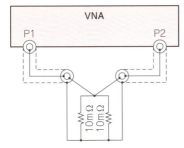

〈図13〉5mΩを測定する回路

線は5V電源ライン，黒線は$100\mu F$単体，灰線は$0.22\mu F$単体の特性です．

600 kHzから10 MHzの間で山谷を数回繰り返しています．この山や谷の周波数は，リアクタンスX_Pグラフ(図11)のリアクタンスがゼロを通過する周波数と同じです．つまり，配線によるインタクタンスとコンデンサ($100\mu F$や$0.22\mu F$)を組み合わせた共振によるものです．谷は直列共振により電源インピーダンスが低く，山は並列共振のために電源インピーダンスが高くなる特性です．IC_{23}の電源インピーダンスは，配線と途中にある複数の$0.22\mu F$コンデンサによる並列共振で，$100\mu F$の低インピーダンスの恩恵を受けにくいことがグラフからわかります．

10 MHz以上では，少し周波数はシフトしていますが，$0.22\mu F$の単体と似た特性です．これは，$0.22\mu F$単体の自己共振周波数より高いために誘導性としてイ

〈表2〉5mΩを測定するときの設定

設定項目	設定値
Start	100 kHz
Stop	500 MHz
Points	201
DSP	Heavy
Frq Typ	Log
Avg On	16回

〈表3〉5mΩの測定値と誤差

治具と校正		測定値の最小と最大(100 kHz～1 MHz)	
		測定値 [Ω]	誤差 [%]（基準：5.0 mΩ）
RG-174/Uケーブル+スルー校正	最小	4.7	−6.0
	最大	5.6	12
部品評価基板+スルー校正	最小	4.6	−8.0
	最大	5.3	6.0
部品評価基板+フル2ポート校正	最小	4.7	−6.0
	最大	5.5	10

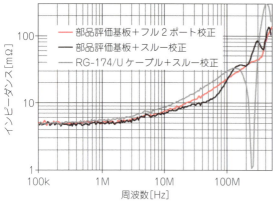

〈図14〉5mΩの周波数特性（実測）

CSVファイルに出力し，Excelで三つのインピーダンスを一つのグラフにまとめたものです．

CSVファイルに出力する操作は，メイン・ボタン群の[SYSTEM]ボタンをクリックし，ファンクション・ボタン群の[SAVE CSV]ボタンをクリックします．現れたウィンドウでファイル名を指定し，[保存]ボタンをクリックします．

以上の操作で表示されているグラフをCSVファイルに保存できます．

インピーダンスが右肩上がりに上昇しているものです．IC_{23}のV_{CC}ピン付近に0.22μFより小さい容量を追加することで，右肩上がりの特性を高い周波数にシフトできます．しかし，追加したコンデンサと配線による並列共振も新しく発生するので悩むところです．

■ 4.9 100μFと0.22μF単体の測定

図12に示す黒線と灰線は，100μFと0.22μFの単体特性をシャント・スルー法で測定したものです．**写真3**は単体測定のようすで，**写真4**は部品評価基板と校正基板の拡大写真です．

基板は特性インピーダンス50Ωのコプレーナ線路で，基板厚1.6 mm，線路長40 mmのFR-4材です．コプレーナ線路は，線路幅と同一層のグラウンドまでの距離で特性インピーダンスを決めますが，この基板は裏面のグラウンド・パターンも含めて特性インピーダンスを50Ωに調整したものです．

100μFや0.22μFの部品は，両端のSMAコネクタから線路長20 mmとなる中央で線路とグラウンド間に接続しています．

線路長40 mmのスルー校正基板を使って校正することで，100μFや0.22μFの接続位置がVNAの測定基準面になります．今回はS_{21}スルー校正です．

■ 4.10 測定結果はCSVファイルに出力

図12のグラフは，ziVNAuの画面をキャプチャしたものではなく，ziVNAuで測定した結果をそれぞれ

5 シャント・スルー法で5mΩの測定に挑戦：校正法による測定値の比較

先の図12に示したように測定したインピーダンスの最小値は，100μF単体の約15mΩでした．そこで，このオーダでも大きくずれることなく測定できることを確認します．測定対象はチップ抵抗器10mΩ（SL1TER010F，±1％，秋月電子通商扱い）を2個並列接続した5mΩです．

■ 5.1 測定条件

測定は，5V電源ラインを測定したときのRG-174ケーブルと部品評価用基板，そしてスルー校正とフル2ポート校正を組み合わせた3種類を比較します．

- RG-174ケーブル+スルー校正……5V電源ラインの測定と同じ．
- 部品評価基板+スルー校正……100μFや0.22μFの単体測定と同じ．
- 部品評価基板+フル2ポート校正

■ 5.2 測定環境

写真5(a)は，RG-174ケーブルによる測定のようすです．基板は中央部に小さな浮島の銅箔パターンがあります．並列接続した10mΩチップ抵抗器2個とRG-174ケーブルの内導体は，その浮島の銅箔パターンで接続します．浮島の周囲と裏面はグラウンド・パターンです．回路図で表すと図13のようになります．

写真5(b)は部品評価基板を使った測定のようすです．100μFや0.22μF単体測定と同じ構成です．

写真6は，10mΩチップ抵抗器2個を実装した部品評価基板と，その基板で測定するときのスルー校正標準器とフル2ポート校正標準器です．

■ 5.3 ziVNAuの設定パラメータ

設定パラメータを表2にまとめました．測定値をできるだけ安定させるためにアベレージングを16回に設定します．アベレージングは，PCアプリ Ver. 18.06.30.6から追加した機能で，メイン・ボタン群の［DISP］の中で設定します．

■ 5.4 測定結果

図14が測定結果です．

● 100 kHz ～ 1 MHz

100 kHzから1 MHzまでは3種類ともにフラットな特性なので，この周波数範囲で測定した誤差を求めてみます．

誤差算出の基準は，チップ抵抗器の誤差を無視して5.00mΩとします．使用したチップ抵抗器は誤差±1％品なので4.95mΩから5.05mΩの範囲です．チップ抵抗器の誤差は測定値に比べ小さいことが理由です．

表3は，測定した最大/最小値と誤差（100 kHz ～ 1 MHz）です．フル2ポートが最も誤差が少ないと思いましたが，そうではありませんでした．3種類に差はほとんどないと考えてよさそうです．測定誤差は約12％です．

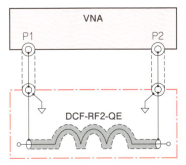

〈図15〉コモン・モード・チョーク測定の接続図

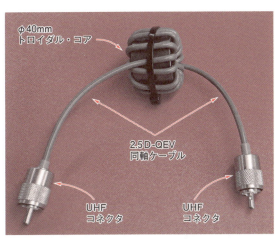

〈写真7〉コモン・モード・チョーク DCF-RF2-QE（大進無線）の外観

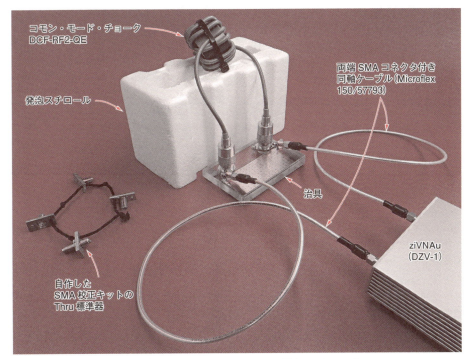

〈写真8〉コモン・モード・チョークの測定セットアップ

● 1 MHz～200 MHz

どれも右肩上がりの特性です．しかし，スルー校正（黒線と灰線）のとき，高い周波数ほど波打つような波形で不自然な特性です．波の大きさや周期は，治具に使用するケーブル長やコプレーナ線路の特性インピーダンスや線路長に関係するのかもしれません．

一方でフル2ポート校正（赤線）は，治具の特性も校正されることで，安定した右肩上がりの特性が得られたと思います．

● 200 MHz以上

フル2ポート校正でも少し不自然な右肩上がりの特性です．ziVNAuのダイナミック・レンジは，200 MHzから高い周波数で徐々に悪化するので，ziVNAuの性能が測定値に影響しているのかもしれません．

■ 5.5 まとめ

ユニットの電源インピーダンスを測定する場合は，ケーブルとスルー校正の組み合わせを選択することが多いと思います．しかし，1 MHzを越えると，他を選んだときより測定誤差に差が大きくなることに注意が必要だと思います．

6 ziVNAuでシリーズ・スルー法の活用：コモン・モード・チョークの測定

次に比較的高いインピーダンスの例として，コモン・モード・チョークを測定します．

■ 6.1 コモン・モード・チョーク

無線機から送信したRF電力の一部がコモン・モード電流となって想定外のところに流れると，自宅や隣家などの電子/電気機器に障害を与えることがあります．

例えば，不平衡型の同軸ケーブルに平衡型アンテナを直接接続すると，RF電流が同軸ケーブルの外導体の外側に流れ出し，同軸ケーブルから電波を輻射します．そして，同軸ケーブルに並走する配線を経由して関連機器に障害を与える原因となります．また，無線機に流れ込んだコモン・モード電流がAC100Vに流れ込めば，障害が拡大することもあります．

このようなコモン・モード電流を食い止めてくれるのがコモン・モード・チョークです．レジスタンスやリアクタンスが高いために，コモン・モード電流が流れにくく，障害を抑制できます．

今回は，アマチュア無線HFバンド向けのコモン・モード・チョーク DCF-RF2-QE（1～30 MHz，耐入力500W；大進無線扱い）のインピーダンスを測定します．

■ 6.2 測定の接続

写真7は測定するコモン・モード・チョークの外観です．フェライト・コアに2.5D-QEV同軸ケーブルを巻いています．写真8は測定のようすです．机の上に直接コモン・モード・チョークを置くと影響を受けたので，発泡スチロールで机から離します．

図15は測定の接続図です．コモン・モード電流の測定なので，同軸ケーブル外導体をVNAに接続します．内導体はどこにも接続しません．

写真9(a)は治具を横から拡大したものです．ziVNAuから接続するSMAメス・コネクタの内導体をUHFコネクタ（メス）のグラウンドに接続したようすがわかります．

写真9(b)は治具を裏から見たものです．UHFコネクタ（メス）の中心コンタクト部分を取り除いて，コモン・モード・チョークの内導体がどこにも接続していないことがわかります．

■ 6.3 ziVNAuの設定パラメータと校正

設定パラメータを表4にまとめます．周波数はリニアに100 MHzまでとします．そしてVNAの校正はスルー校正です．

■ 6.4 結果

図16のグラフは，赤線がziVNAuの測定結果で，黒線は販売元が公表している特性[4]です．

高いインピーダンスを測定するので，ziVNAuから治具に接続する二つのケーブルは互いに近づかないように治具のSMAコネクタの配置を決めました．しかし，仕上がった治具を見ると，二つのSMAメス・コネクタを接続するグラウンドの距離は長すぎるようにも思います．

改良の余地のある治具ですが，これでも販売元が示す特性と近い値が測定できました．

7 シリーズ・スルー法と校正法による測定値の比較

1608サイズ220kΩのチップ抵抗器をシリーズ・スルー法で測定し，測定値に大きなずれがないことを確認します．また，フル2ポート校正とスルー校正による測定を比較します．

■ 7.1 測定環境とziVNAuの設定パラメータ

写真10は220kΩを実装した部品評価基板の外観と220kΩ実装部分の拡大です．ポート1～ポート2間に220kΩを直列接続します．ziVNAuとの接続は10mΩを測定した写真5(b)と同じです．校正は写真6に示した部品評価基板用の校正標準器を使用します．

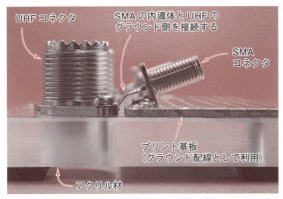

(a) 横から見たクローズアップ

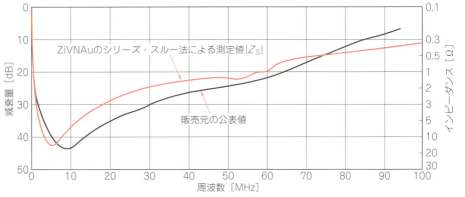

(b) うら面

〈写真9〉コモン・モード・チョークを測定するために製作した治具

〈表4〉コモン・モード・チョークを測定するときの設定

設定項目	設定値
Start	1 MHz
Stop	100 MHz
Points	201
DSP	Heavy
Frq Typ	Lin

〈図16〉実測データを公表値と比較した結果

設定パラメータは10mΩを測定した表2と同じです．

7.3 ディジタル・マルチメータの測定結果

ディジタル・マルチメータ（34461A，キーサイト・テクノロジー社）の抵抗レンジでチップ抵抗器220kΩを測定するようすを写真11に示します．225.022kΩを表示しています．

この値を基準として，シリーズ・スルー法の測定値を比較します．

7.4 シリーズ・スルー法の測定結果

測定結果を図17のグラフにまとめました．赤線はフル2ポート校正，黒線はスルー校正です．周波数全体にわたり，校正による差はほとんどありません．

1 MHz以下はレジスタンスがほぼフラットな特性なので，この範囲でディジタル・マルチメータの測定

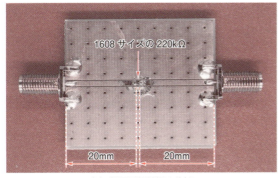

(a) 部品評価基板の外観

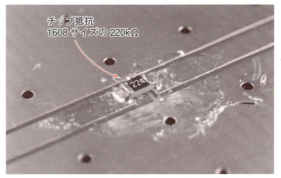

(b) 220kΩ実装部のクローズアップ

〈写真10〉220 kΩチップ抵抗器を実装した部品評価基板

〈写真11〉ディジタル・マルチメータで220kΩを測定するようす

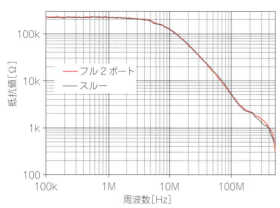

〈図17〉校正法の違いによる220kΩの周波数特性の違い

〈表5〉220kΩの測定値と誤差

測定器とモード			測定値 [kΩ]	誤差 [%]
マルチメータの抵抗レンジ		基準	225.0	−
ziVNAuの レジスタンスR_S	フル2ポート校正	最小	218.8	−2.8
		最大	236.6	5.2
	スルー校正	最小	215.5	−4.2
		最大	231.5	2.9

値(225.0kΩ)を基準に誤差を求めます.

表5は,校正別に220kΩを測定した最小/最大値と,ディジタル・マルチメータの測定値を基準にした誤差です.どちらの校正を利用しても測定誤差は5%程度であり,悪くない結果だと思います.

500MHzまで校正による差はほとんどなく,測定誤差は5%程度なので,校正の操作が少ないスルー校正でも使えると思います.

8 終わりに

今回登場した部品評価基板とシャント/シリーズ・スルー法で,トロイダル・コアを利用したコイルの測定にはまっています.おかげで,簡易VNA ziVNAuの使用率が上がり,PCアプリのバグを多く潰すことができました.なによりトロイダル・コアのいじり方がわかってきた気がしています.

最近のメーカ製VNAは,シャント・スルー法やシリーズ・スルー法で測定可能な機種があります.また,VBAなどマクロ機能やスクリプトが利用できるVNAであれば,式(8)や式(10)の計算が可能です.

シャント・スルー法やシリーズ・スルー法の測定を試してみてはいかがでしょうか.

◆参考・引用＊文献◆
(1) キーサイト・テクノロジー㈱ アプリケーション・エンジニアリング部:「ネットワーク・アナライザによるインピーダンス測定」, p.5.
https://www.keysight.com/upload/cmc_upload/All/Impedance_Measurement_with_Network_Analyzer_ver2.00.pdf
(2) ＊富井里一:「特集 作る!ベクトル・ネットワーク・アナライザ」, RFワールドNo.35, pp.13～14, CQ出版㈱, 2016年8月.
(3) ㈱ディエステクノロジー:「DZV-1 取り扱い説明書」, pp.10～12.
http://www.dst.co.jp/products_search/special_function_component/measuring_component/item_33
(4) ＊大進無線㈲:「500W対応 無線機用コモンモード・チョーク DCF-RF2-QE」, S_{21}減衰特性.
http://www.ddd-daishin.co.jp/dcf/shiryou/dcf-rf2-qe-kannsei.htm

とみい・りいち 祖師谷ハム・エンジニアリング

Appendix-1

ダイポール・アンテナに対するバランの効果とコモン・モード・チョークによる不平衡電流の検証
バランやチョークとコモン・モード電流の測定

富井 里一
Tommy Reach

コモン・モード・チョーク測定の延長として，コモン・モード電流が発生しやすいダイポール・アンテナを同軸ケーブルに直接接続した場合を考察したのでご紹介します．

アンテナの教科書には，ダイポール・アンテナや八木アンテナなど平衡型のアンテナに，不平衡型である同軸ケーブルを接続するときにはバランを使って平衡-不平衡を変換することになっています．さもないとコモン・モード電流が発生するからです．しかし，アマチュア無線雑誌などの記事の中には，バランのない製作例を散見しますし，バランがなくても使えているという話をよく耳にします．バランを省略した場合には，何が起きているのでしょうか？

そこで，ダイポール・アンテナにバランを使わず直接同軸ケーブルを接続して給電した場合の影響を，電磁界シミュレーションとコモン・モード電流の測定によって確認しました．

■1 電磁界シミュレーション

■ 1.1 バランなし短縮ダイポール・アンテナ

まずはバランを使っていない短縮ダイポール・アンテナで影響が現れそうな以下の項目を電磁界シミュレータ "EMPro FEM"（キーサイト・テクノロジー社）を使って考察します．

- 放射パターン ・放射効率η ・マッチング・インピーダンス

● シミュレーション・モデル

図1は，シミュレータEMProで形状を入力した430 MHz帯の短縮ダイポール・アンテナです．バランは使っていません．給電点から直径0.141インチ（約

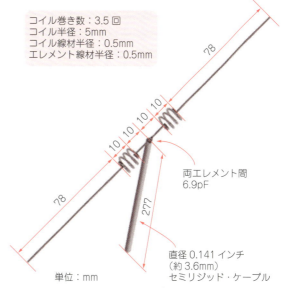

〈図1〉EMProでモデル化した430 MHz帯短縮ダイポール（バランなし）

3.6 mm）のセミリジッド・ケーブル（長さ277 mm）を接続しています．給電部の両エレメント間には6.9pFを接続し，430 MHz付近で50 + j0 Ωにマッチングさせます．

● シミュレーション結果

図2は，アンテナ・エレメントと同軸ケーブル外導体の外側に流れる電流分布です．アンテナ・エレメントに流れるのは当然ですが，同軸ケーブル外導体の外側にも電流が少し分布しています．これは不平衡型の同軸ケーブルから平衡型のダイポール・アンテナに給電したために，平衡（バランス）が崩れ，アンテナ・エレメントの一部電流が同軸ケーブル外導体の外側に流れだしたものです．これが「コモン・モード電流」で

〈図2〉バランなし短縮ダイポール・アンテナの電流分布シミュレーション結果

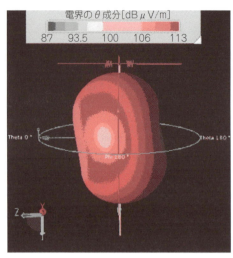
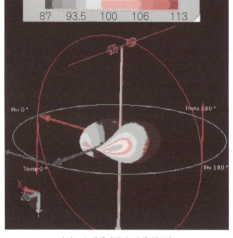

(a) θ成分（水平成分担当）　　　　　　　　　　（b) φ成分（垂直成分担当）

〈図3〉バランなし短縮ダイポール・アンテナの放射パターンをシミュレーションした結果

す．通常，同軸ケーブル外導体の外側に電流は流れません．

図3(a)は，ダイポール・アンテナを水平に配置したときの水平成分です．放射パターンは，アンテナ・エレメントに対して傾いています．また，図3(b)は垂直成分の放射パターンです．水平ダイポール・アンテナにもかかわらず垂直成分が現れています．

放射パターンの垂直成分は，同軸ケーブルのコモン・モード電流から電波が出たためです．そして，水平成分と垂直成分の相乗や相殺で放射パターンが傾いたものと思います．

放射効率ηは図示していませんが，同軸ケーブル有無によるはっきりした差はありませんでした．どちらも約96％です．同軸ケーブルが短く，差が出ないのかもしれません．

マッチング・インピーダンスは同軸ケーブル有無で多少ずれる結果です．同軸ケーブルなしのとき7.7pF，同軸ケーブルありのとき6.9pFで給電点のインピーダンスは50＋j0Ωになります．私が作成した同軸ケーブル・モデルの特性インピーダンスが50Ωからずれ

ていることが原因かもしれません．

1.2 フェライト・コア付きダイポール・アンテナのシミュレーション

● シミュレーション・モデル

今度は，給電点に近い同軸ケーブルに，理想のフェライト材で覆った状態で電磁界シミュレーションをします．コモン・モード・チョークでいえば，フェライト・コアに同軸ケーブルを1回通した状態の再現です．

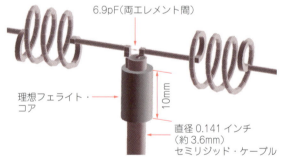

〈図4〉フェライト・コア付き短縮ダイポール・アンテナのモデル

〈図5〉フェライト・コア付き短縮ダイポール・アンテナの電流分布シミュレーション結果

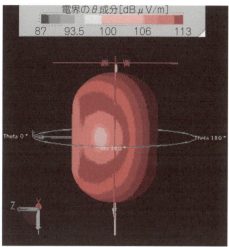
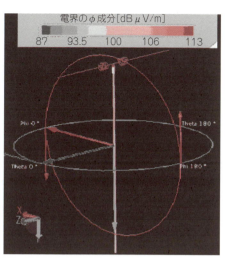

〈図6〉フェライト・コア付き短縮ダイポール・アンテナの放射パターンをシミュレーションした結果

（a）θ成分（水平成分担当）　　（b）φ成分（垂直成分担当）

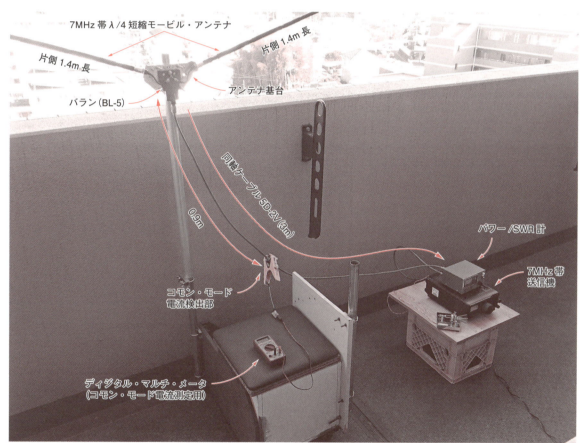

〈写真1〉コモン・モード電流の測定系

図4はそのモデル形状です．理想のフェライト・コアを追加しただけでほかの寸法は変更ありません．

● シミュレーション結果

図5はアンテナ・エレメントと同軸ケーブル外導体の外側に流れる電流分布です．バランなしに比べ，コモン・モード電流すなわち同軸ケーブル外導体の外側へ電流がほとんど流れないことがわかります．

図6(a)はダイポール・アンテナを水平に配置したときの水平成分です．放射パターンは，傾くことなく，左右のアンテナ・エレメントに対して対称的です．垂直成分は図6(b)に示すように検出されません．同軸ケーブルから電波が出ていないことを示しています．

〈表1〉使用機器一覧

機器名	型名	メーカや販売店	備考
アンテナ・エレメント	HF40FXW	第一電波工業	7MHz帯 λ/4短縮モービル・アンテナ
アンテナ基台	MAV-2W	CQオーム	
バラン	BL5	アンテナテクノロジー	平衡/不平衡変換用．アンテナ基台の付属品
コモン・モード・チョーク	DCF-RF2-QE	大進無線	
コモン・モード電流検出	デジタルRF電流計バージョン2	大進無線	
7MHz帯送信機	FT-897D	八重洲無線	HF帯アマチュア無線機，送信出力100W

  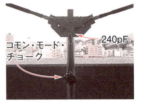 

(a) バランなし　　(b) バランあり　　(c) コモン・モード・チョーク　　(d) バラン+コモン・モード・チョーク

〈写真2〉4種類の条件でコモン・モード電流を測定した

マッチング・インピーダンスは，フェライト・コア付きでも6.9pFで給電点のインピーダンスは50 + j0Ωです．変化ありませんでした．放射効率ηも約96%で差はありませんでした．

1.3 シミュレーション結果のまとめ

バランを使わないと同軸ケーブルがダイポール・アンテナの指向性に影響を与えることや，同軸ケーブルからも電波が輻射されることがわかりました．

一方，コモン・モード・チョークを入れると，バランなしでも，アンテナ指向性の乱れがなくなり，同軸ケーブルからの輻射も止まりました．

2 コモン・モード電流の測定

電磁界シミュレータでは，同軸ケーブルにバランのない短縮ダイポール・アンテナを接続すると，同軸ケーブル外導体の外側に高周波電流が分布することがわかりました．そこで，実際にどのくらい流れるか測定してみたいと思います．

2.1 7MHz短縮ダイポール・アンテナを調べる

同軸ケーブルに7MHz短縮ダイポール・アンテナを接続し，100W送信したときの同軸ケーブルに流れるコモン・モード電流を測定します．7MHzを選んだ理由は手持ち設備の事情です．

写真1はコモン・モード電流の測定系です．主な使用機器は**表1**にまとめました．

測定はバランなし，バランあり，コモン・モード・チョーク，バランとコモン・モード・チョークの4種類（**写真2**）を比較します．2本のアンテナ・エレメントの給電部に接続するコンデンサはインピーダンス・マッチング用であり，SWRを1.1以下に整合できます．

〈表2〉コモン・モード電流の測定結果

条件	コモン・モード電流 [mA]	比率 [%]
バランなし	86.4	100
バランあり	39.0	45.1
コモン・モード・チョーク	2.35	2.7
バラン+コモン・モード・チョーク	2.33	2.7

2.2 測定結果

表2が測定結果です．バランなしのコモン・モード電流は86.4mAです．バランを付けると電流は約半分に低減します．一方，コモン・モード・チョークはバランなしに対してわずか約3%(2.35mA)です．また，バランにコモン・モード・チョークを挿入しても，コモン・モード・チョークと電流は同じです．この測定方法の限界に達しているのかもしれません．

3 まとめ

コモン・モード電流が86mA流れているときに無線機の金属部に触れてみましたが，感電するような感覚はありませんでした．仮に50Ωに同じ電流が流れるとすると約370mWにすぎませんが，これが同軸ケーブルから輻射していると考えると不安になります．

予想以上に高性能だったのがコモン・モード・チョークです．ダイポール・アンテナにバランを使用しても，コモン・モード・チョークは欠かせないと感じました．

とみい・りいち　祖師谷ハム・エンジニアリング

Appendix-2

アンテナ用バランの内部観察と通過ロスの測定
3ポートのバランを2ポートのziVNAuで測る

富井 里一
Tommy Reach

Appendix-1で登場した，ダイポール・アンテナ用の1:1バラン"BL5"（アンテナテクノロジー社製）の内部を少し見てみたいと思います．また，特性評価として通過ロスを2ポートのziVNAuで測定してみます．

■ バランの内部

写真1(a) はBL5のうら側（アンテナ・エレメントを接続する側）で，**写真1(b)** はおもて側（型名シール付き）のカバーを取りはずして内部を写したものです．そして，**表1** はBL5の主な仕様です．

フェライト・コアはめがね型を使い，3本の線をよじったもの（トリファイラ）を2回巻きしてあります．高い周波数の特性改善用だと思いますが，アンテナ・エレメント端子間に33pFが接続されています．

■ ミックス・モードSパラメータ

バランのダイポール・アンテナ側は平衡の信号ですから，ディファレンシャル・モードとコモン・モードの二つの信号に分けて扱うことになります．例えば，ダイポール・アンテナ側にディファレンシャル・モードの信号が出力され，コモン・モードの信号が出力されなければバランの性能は良いという具合になりま

す．そして，Sパラメータにディファレンシャル・モードとコモン・モードを盛り込んだのがミックス・モードSパラメータです．

図1 は，ポート1が不平衡の信号をポート2が平衡の信号を入出力するバランのミックス・モードSパラメータです．不平衡のポート1に信号を入力し，平衡のポート2から出力したときの通過ロスはS_{DS21}になります．

ziVNAuは不平衡でシングルエンド・モードのSパラメータを測定できますが，ミックス・モードSパラメータは直接測定できません．そこで，シングルエンド・モードのSパラメータを測定し，後述する変換式を利用して求めます．

■ ziVNAuで通過ロスS_{DS21}を求める手順

❶ 周波数やそのほかのパラメータ設定と校正

〈表1〉
HFワイヤ・アンテナ用
バラン BL5の主な仕様
［アンテナテクノロジー㈱］

項　目	値など
インピーダンス変成比	1：1
周波数	3～75 MHz
入力インピーダンス	50 Ω
耐入力電力	500 W（PEP）
重量	120g

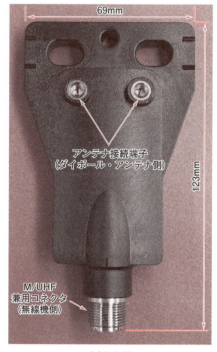

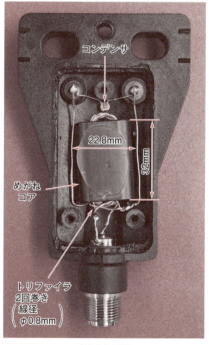

〈写真1〉
バラン（BL5）の
外観と内部

(a) うら側

(b) おもて側

通常のSパラメータ測定のように周波数などのパラメータを設定し，フル2ポート校正を行います．

❷各ポートを不平衡としてSパラメータを測定

バランから出ている一つの不平衡ポートと1組の平衡ポートを，グラウンドを基準にすべて不平衡のポートとしてSパラメータを測定します．これは通常のSパラメータ測定と同じです．測定はS_{DS21}に関係するS_{21}とS_{31}で，このときの接続は図2です．ziVNAuからみればどちらもS_{21}の測定ですが，頭の中でどちらか一方をS_{31}にします．

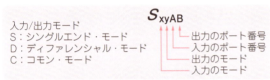

(a) ミックス・モードS行列

(b) バランのポートとミックス・モードS行列の関係

〈図1〉バランのミックス・モードS行列

❸測定したデータはCSV書式でファイルに保存

測定したS_{21}とS_{31}データは，Excelに取り込むためにCSVファイルに保存します．操作は，メイン・ボタン群の[SYSTEM]ボタンをクリックし，ファンクション・ボタン群の[SAVE CSV]ボタンをクリックして現れる画面で保存できます．PCアプリの仕様上，S_{21}とS_{31}は別々のCSVファイルに保存することになります．

❹ExcelでS_{DS21}の計算とグラフの表示

Excelに二つのCSVファイルを読み込みます．そしてS_{21}とS_{31}を式(1)(2)に代入して，通過ロスに当たるS_{DS21}を求めます．また平衡ポートに現れるコモン・モード・レベルに相当するS_{CS21}は式(2)(2)で求まります．

$$S_{DS21} = \frac{1}{\sqrt{2}}(S_{21} - S_{31}) \cdots\cdots\cdots\cdots\cdots (1)$$

$$S_{CS21} = \frac{1}{\sqrt{2}}(S_{21} + S_{31}) \cdots\cdots\cdots\cdots\cdots (2)$$

計算結果はExcelのグラフ機能で特性を観察します．

■ 治具

写真2(a)は，治具にBL5を取り付けた状態をBL5側から撮った外観です．写真2(b)は，治具の裏から撮った外観です．図2の接続をしてS_{21}とS_{31}を測定するために製作した治具です．

SMAメス・コネクタの内導体は，単線でM5ねじと接続され，M5ねじ経由でアンテナ端子に接続しま

(a) バラン側

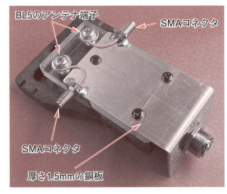

(b) 治具側

〈写真2〉自作の測定用治具にバランを取り付けたようす

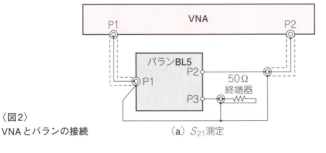

(a) S_{21}測定

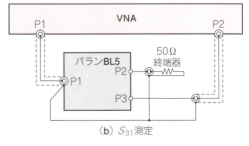

(b) S_{31}測定

〈図2〉VNAとバランの接続

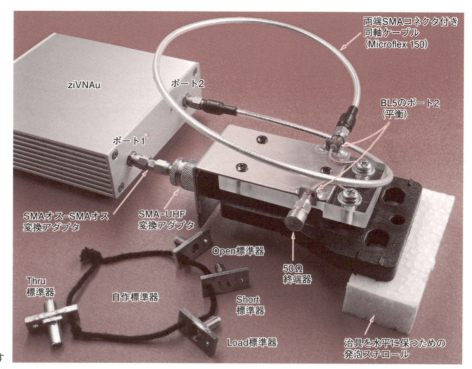

〈写真3〉測定のようす

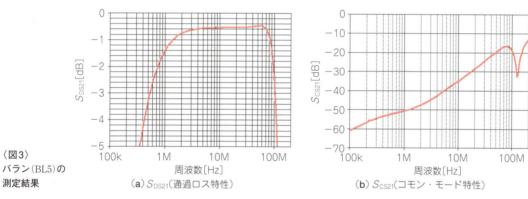

〈図3〉バラン（BL5）の測定結果

(a) S_{DS21}（通過ロス特性）

(b) S_{CS21}（コモン・モード特性）

す．SMAメス・コネクタのグラウンドは，銅板を経由してBL5のM/UHF兼用コネクタのグラウンド側と接続します．

■ 測定結果

写真3はziVNAuでBL5を測定するようすです．その測定データをExcelに取り込んで計算した通過ロスS_{DS21}を図3(a)に，コモン・モード特性S_{CS21}を図3(b)に示します．

BL5のスペックである3～75MHzの範囲は，通過ロス0.6dBでほぼフラットです．想定内のレベルだと思います．それ以上の周波数でもそれ以下でもロスは増加する特性です．

図3(b)のS_{CS21}特性は，高い周波数ほどレベルが高く，コモン・モードの漏れが高いことを示します．それでも50MHzで約20dB抑制できています．広帯域にすると，高い周波数では悪化するのはやむを得ないというところでしょうか．

測定途中で接続を変える必要はありますが，以上の操作によって2ポートVNAでもバランを測定できました．

◆参考・引用＊文献◆

(1) アンテナテクノロジー㈱：HFワイヤーダイポールアンテナ用バラン BL5
http://www.ant-inc.co.jp/hamradio.html#bl5

(2)＊ Hiroyuki Nakamura, Toshio Ishizaki, Toshifumi Nakatani, Shigeru Tsuzuki; "A New Design Concept for Balanced-Type SAW Filters Using a Common-Mode Signal Suppression Circuit", 電子情報通信学会論文誌, Vol.E88-C, No.1, 2005年1月．
https：//pdfs.semanticscholar.org/98e0/dce810888e581918aa4723512bdae1872bc4.pdf

とみい・りいち　祖師谷ハム・エンジニアリング

製作&実験

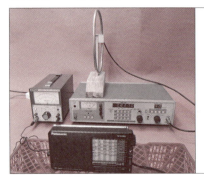

アンテナ端子のないラジオの調整や
感度測定に役立つ

受信機試験用
標準ループ・アンテナの製作

漆谷 正義
Masayoshi Urushidani

小型ラジオのほとんどは，フェライト・バー・アンテナ(以下，バー・アンテナ)を内蔵した，外部アンテナ端子がないタイプです．

一般にラジオの調整や感度測定には，ラジオ周波数のRF信号発生器を使います．このときRF信号を受信機のアンテナ端子に入力するのですが，アンテナ入力端子がない場合は，なんらかの方法で外部から試験信号を注入する必要があります．

バー・アンテナは磁界に感応します．信号発生器に，RF磁界を発生させるループ・アンテナをつないで微弱な電波を発射し，一定の距離に置いた受信機でこの電波(磁界)を受信するのが妥当な方法です．

測定用の送信アンテナは「標準ループ・アンテナ」と呼ばれ，幸いなことにJIS規格化[1]されていて，仕様が公表されています．

ここではAMラジオの調整や，相対的な感度の測定を目的として，日曜大工のレベルで標準ループ・アンテナ(写真1)を製作します．そして，これを使って市販AMラジオの感度をいくつか測定してみます．

標準ループ・アンテナとは

■ JIS規格の標準ループ・アンテナ

JISで規定する標準ループ・アンテナは，図1のような構造です．

線径0.8 mmの銅線を円形に3回巻いたものを銅のパイプなどで静電シールドしています．コイルの直径は25 cmです．銅パイプは，ショート・リングとならないように円の上部に切り欠きがあります．インダクタンスは約7.5 μHです．

コイル銅線の端部は，一方はシールド導体(銅管)に接続し，他方は直列抵抗Rを介して，同軸ケーブル(長さ1.2 m)により信号発生器に接続します．同軸ケーブルの並列容量は120 pFと規定されています．

受信機がバー・アンテナの場合は標準ループ・アンテナの面方向に距離d_2 m離したところで受信します．

また，空芯ループ・アンテナの場合は，標準ループ・アンテナの軸方向に距離d_1 m離したところに受信ループ・アンテナを置きます．

■ 標準ループ・アンテナによって発生する電界の強度

バー・アンテナの場合は，距離d_2 mでの電界強度E_2は次式[1]で与えられます．

$$E_2 = \frac{30AU_0N}{d_2^3(R_i+R_s)} \quad \cdots\cdots\cdots\cdots\cdots\cdots (1)$$

また，空芯ループ・アンテナの場合は，次式のように求められます．

$$E_1 = \frac{60AU_0N}{d_1^3(R_i+R_s)} \quad \cdots\cdots\cdots\cdots\cdots\cdots (2)$$

ここで，E_1とE_2：電界強度[μV/m]，A：ループ面積[m²]，U_0：信号発生器の出力電圧(開放端電圧)[μV]，N：標準ループ・アンテナのコイル巻き数，d_1とd_2：標準ループ・アンテナと受信アンテナの距離[m]，R_i：信号発生器の出

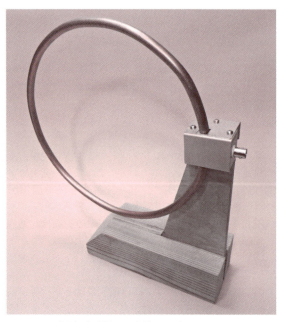

〈写真1〉製作した標準ループ・アンテナ

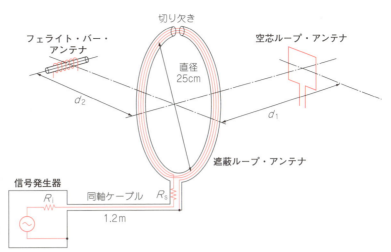

〈図1〉(1) 標準ループ・アンテナの構造と使い方

力インピーダンス[Ω]，R_s：標準ループ・アンテナに直列に入れた抵抗[Ω]

$R_i + R_s = 409\,\Omega$とすると，$d_1 = d_2 = 0.6\,\text{m}$に取れば，下記のように，式が簡単になります．

$$E_2 = 0.05 U_0 \quad \cdots\cdots\cdots\cdots\cdots\cdots (3)$$
$$E_1 = 0.1 U_0 \quad \cdots\cdots\cdots\cdots\cdots\cdots (4)$$

標準ループ・アンテナの製作

■ 製作する標準ループ・アンテナの仕様

磁界アンテナは，電界が発生しないようにしっかり静電シールドすることが肝要です．一番簡単なのは同軸ケーブル外被の編組線をシールドに使う方法です．同軸ケーブルを3回巻いて，巻き終わりの外被をオープン（開放）にすればできあがりです．

シールドが不十分だと電界が発生して，ラジオ受信機のアンテナ以外の部分が電波を拾う可能性があり，正確な測定ができません．

シールドには，JISにならって銅管を使うことにしました．打ってつけの銅パイプをDIYショップで入手できたからです．これはエアコンの冷媒配管に使う銅パイプで，直径6.35 mm(2分)，9.52 mm(3分)，12.7 mm(4分)があったので，中ほどの3分を選びました．「分」は1/8インチに相当します．

都合の良いことに，店頭ではすでに円形に巻いてあり直径も25 cm弱なので，手で少し広げて所望の寸法にすることができました．真っ直ぐなパイプの場合は土管などに巻き付けて円形に整形すればよいでしょう．

■ 銅パイプの加工と接続ボックスの製作

銅パイプを直径が25 cmになるように，円形のお盆などを型にして図2のように曲げます．端部を2 cmほど切断して，長さ85 cm(25π＋配線余裕)のビニー

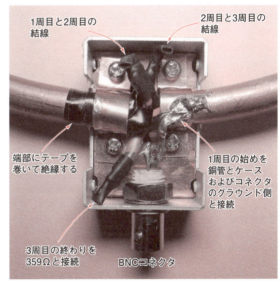

〈写真2〉コネクタ部の内部構造と配線

ル線（AWGの20番線）を3本通します．1本目の端を2本目に，2本目の端を3本目に図のように接続し，3回巻きのコイルに仕上げます．

写真2はコネクタ部分の構造と配線のようすです．1本目の端部（巻き始め）は銅パイプ，ケースとBNCコネクタのGND側に接続します．3本目の端部（巻き終わり）をコネクタの芯側に接続します．銅パイプの内径が6.7 mmなので，ビニール線を3回通すのは難しく，3本に分けてコネクタ部で接続しました．

エナメル（ポリウレタン）線でも良いのですが，銅管端部で傷が入ると，銅管内部で内壁と接触する恐れがあるので，ビニール被覆線を使いました．

芯線側には抵抗$R_s = 359\,\Omega$を入れています．信号源の内部抵抗$R_i = 50\,\Omega$ならば，式(3)(4)により電界強度を簡単に計算できます．このときは0.6 m離れたところで測定します．

中波ラジオの受信感度測定

■ 測定機器の準備

図1の信号発生器(SG)は，ラジオ放送局の送信電波と同等の精度で，放送帯域の周波数と既定の変調度，減衰率が設定でき，出力レベル表示ができるものが望ましいことはいうまでもありません．このような測定器は「標準信号発生器」と呼ばれます．

標準信号発生器とACミリボルト・メータを使った測定系統の例を写真3に示します．市販の標準信号発生器は高価なので，ラジオの製造や修理を専門に行うのでなければ，簡易型のRF信号発生器を自作するのが良いと思います．

写真4は本誌No.26で紹介したRF信号発生器[4]です．周波数は1MHz固定ですが，30％のAM変調がかかり，減衰器も付いているので，AM受信機の感度測定に使えます．写真5は本誌No.25で紹介したステップ・アッテネータ[5]です．スイッチ切り替えにより，1dBステップで80dB以上の減衰率が得られます．帯域はDC～500MHzです．測定の都度，レベルを測定する必要がなくなり，効率よく感度を測定できます．

■ 放送電波が少ない昼間に測定する

外来電波のないシールド・ルーム内で測定するのが本来の測定方法です．無線機器の感度や，不要輻射の

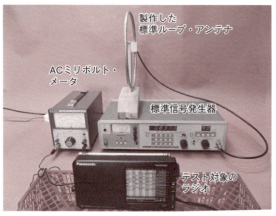

〈写真3〉標準信号発生器とACミリボルト・メータを使った測定系統の例

〈写真4〉[4] 簡易RF信号源

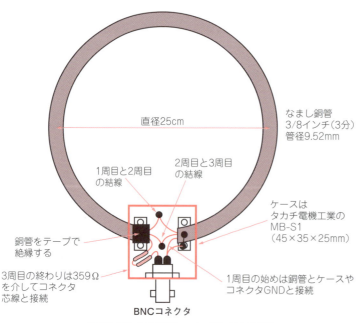

〈図2〉製作する標準ループ・アンテナの構造

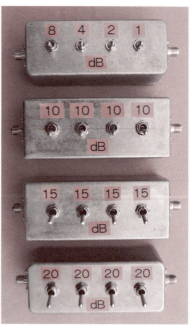

〈写真5〉[5] 簡易ステップ・アッテネータ

測定はシールド・ルーム，発射電波の測定は電波暗室とお決まりですが，レンタルでも高価なので，ここは工夫が必要です．

まず，放送電波のない周波数を選びます．もし放送電波がないのに外来雑音レベルが高い場合は，その原因を調べます．とくに，インバータ蛍光灯には要注意です．照明をOFFして雑音の有無を確かめます．

中波ラジオの感度測定は電離層が活発な昼間に行うのがおすすめです．昼間は遠方局の電波が到達しないので，放送電波のない周波数を見つけやすいからです．

中波帯（300 kHz～3 MHz）の電波伝搬は，直接波と地表波と空間波に大別できます．昼間は電波がD層を突き抜ける際やE層反射において空間波が大きく減衰して微弱となります．このため受信できるのは直接波と地表波がほとんどになります．直接波は送信アンテナが見通せるような場合に直接到来する電波です．地表波は地表に沿って回折する電波で，周波数が低いほど遠方まで到達します．

夜間にはD層が消滅し，E層の電子密度も大きく低下します．その結果，昼間の直接波と地表波に加えて，遠距離局の電波が電離層で反射して空間波として届きます．このため夜間は放送電波が混雑するのです．

■ 測定系の動作テスト

簡易信号源の周波数を1 MHzに設定し，内部変調（1 kHz）をONにし，出力レベルを100 mV$_{RMS}$（100 dBμV）くらいに合わせます．製作した標準ループ・アンテナと信号源を長さ約1 mの同軸ケーブルで接続します．

測定するラジオを標準ループ・アンテナから60 cmの距離に置いて，1000 kHzに同調させ，ラジオ内部のバー・アンテナの方向を図1の方向にセットします．1 kHzの音が聞こえたらOKです．銅パイプの開放端を短い線でショートすると，ショート・リングを形成して，銅パイプが電磁シールドとして機能するので，発生磁界がほぼ0となって受信できなくなるはずです．

開放端をショートしていないのに信号音が聞こえず，受信できない場合は，端子接続部の配線をチェックします．銅管の一方が絶縁不良だと，銅パイプがショート・リングを形成して電磁シールドされ，電波はループのごく近傍でしか受信できなくなります．

■ 受信感度の測定基準と測定系

AM受信機の感度測定には，いくつかの基準が存在します．

①1 kHz80％変調で$S/N=20$ dBとなる電界強度
②1 kHz30％変調で$S/N=10$ dBとなる電界強度

JIS規格では①と②が併記されていますが，一般に

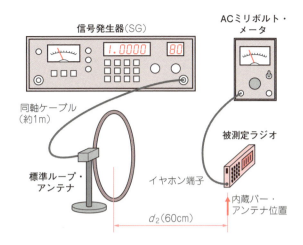

〈図3〉ラジオ受信機の感度測定系統図

は②が使われるようです．アマチュア無線機器でも②が採用されています．

測定系統は図3のとおりです．SGの出力は，同軸ケーブルで標準ループ・アンテナに接続します．

テストする受信機のイヤホン端子から，シールド線でACミリボルト・メータに接続します．

■ ラジオ感度の測定方法

図3のようにセットしたら，ラジオの電源をONし，受信周波数を合わせます．例えば1 MHzとします．SGの周波数を受信周波数に合わせ，変調周波数を1 kHz，変調率30％に設定します．

SGのアッテネータを調節して，ラジオのAGCが効く範囲の中央（86～106 dBμVくらい）に設定します．ここでは90 dBμVに設定しました．AGC範囲の効く範囲は，受信機の入力電界強度が40～100 dBμV/m程度なら，その中央付近とは60～80 dBμV/mです．これはSG出力では式(3)の0.05が26 dBに相当するので，86～106 dBμVとなります．

イヤホン端子のプラグを外し，スピーカ音が歪まず，しかも耳にうるさくない程度に音量調節し，レベル・メータに接続します．このレベルを0 dBとします．

SGの変調を切り，レベル・メータで雑音出力を測定します．信号レベルとの差がS/N値になります．

次にSG出力を減衰させてゆき，雑音レベルが－10 dB（0.316倍）になったときのSGの出力を測定します．これが「受信感度」（雑音制限感度）となります．

■ ラジオやラジカセの受信感度を測定した結果

表1は写真6に示すラジオやラジカセの受信感度の測定結果です．測定周波数は837 kHzです．一般にAMラジオの受信感度は30 dBμV/m程度といわれますので，結果は少々悪く出ている可能性があります．

〈表1〉ラジオ受信機の感度測定結果（測定周波数は837 kHz）

型名	形態	チューナ	メーカ	実測感度 [dBμV/m]	受信アンテナ
RF-B11	ワールド・バンド・ラジオ	LW/MW/SW/FM	パナソニック	42	バー・アンテナ
ORD-01BK	ポケット・ラジオ	MW/FM/ワンセグ音声	TMY	57	バー・アンテナ
RD-4WH	ポケット・ラジオ	MW/FM/ワンセグ音声	ヤザワコーポレーション	59	バー・アンテナ
RX-MDX80	CD/MDラジカセ	MW/FM	パナソニック	57	ループ・アンテナ

注▶感度は1 kHz正弦波による30%変調波を$S/N=10$ dBで受信できる電界強度を測定した．

(a) RF-B11

(c) ORD-01BK

(d) RD-4WH

(b) RX-MDX80

〈写真6〉受信感度を測定したラジオやラジカセ

私の実験室は，昼間は工事やディジタル機器の雑音が多く，夜間は国内に加え大陸のDXの電波が到来するので，試験環境としては最悪です．しかし，相対的な感度比較は可能です．

RF-B11はオール・バンドのやや本格的なラジオなので，感度も一番良い結果でした．これに対してワンセグ・ポケット・ラジオは感度が低いようです．CD/MDラジカセのループ・アンテナは，1辺12 cmと大型なので，バー・アンテナ並みの感度が得られることもわかりました．

なお，ディジタル・チューニング式のラジオは，531 kHz～1602 kHzを9 kHz間隔で，9の倍数の周波数しか受信できません．ステップ送りが無く，オート・チューニングだけの機種の場合は，SGで上記周波数のどれかに設定し，オート・チューニングで同調させるとうまくいきます．

おわりに

中波ラジオは，身のまわりに1台はある超普及品です．通信網が途絶した災害などの非常環境下で強い味方となります．

アンテナ端子のない，バー・アンテナやループ・アンテナを内蔵したラジオの受信感度測定には，標準ループ・アンテナが必須です．これをDIYで簡単に作る方法と測定方法をご紹介しました．

測定には，信号源とアッテネータも必要ですが，いずれも製作例を本誌で紹介しています．本格的な試験環境が無くても，相対的な感度比較や，受信機の調整は可能です．

標準ループ・アンテナは，ラジオ受信機の調整のほか，バー・アンテナの性能比較にも使えます．また，指向性が鋭く，発生電界強度が簡単にわかるので，電波の教育や実験用にも有用だと思います．

◀参考文献▶

(1) JIS C 6102-1：「AM/FM放送受信機試験方法，第1部：一般的事項および可聴周波測定を含む試験」，日本規格協会，1998年．
(2) JIS C 6102-2：「AM/FM放送受信機試験方法，第2部：AM放送受信機」，日本規格協会，1998年．
(3) 藤田昇；「受信感度の測定Ⅱ――アナログ無線機」，RFワールド，No.13, pp.56～64, CQ出版㈱, 2011年2月．
(4) 漆谷正義；「1M～100 MHzの簡易RF信号源の製作」，RFワールド，No.26, pp.120～129, CQ出版㈱, 2014年5月．
(5) 漆谷正義「簡易ステップ・アッテネータの製作」，RFワールド，No.25, pp.128～135, CQ出版㈱, 2014年2月．
(6) 前田憲一，後藤三男；「電波傳搬」，248p., 岩波書店，1953年10月．

うるしだに・まさよし

歴史読物

安全で円滑な列車運行を支える
有線／無線通信と無線応用の源流を辿る

鉄道の無線史
第2回 無線利用の始まりから携帯無線機の誕生まで

藤原 功三
Kozo Fujiwara

6 鉄道における無線利用のはじまり

日本の鉄道の始まりは明治5年(1872年)であり，その25年後の1895年(明28年)にマルコーニによって無線通信が発明されました．無線利用の黎明期にあって，鉄道でも大正4年(1915年)に連絡船で無線利用が始まっています．

鉄道における通信や無線の初期の状況が「鉄道省電気局沿革史」[1]に次のように記述されています．

[緒言] 鉄道は交通機関の大動脈管にして産業の基礎，国運発展の根底たる使命をもつものであるが，この使命を十分に果たしその任務を遺憾なき遂行するがためには固より諸種の施設経営に俟たねばならない．…(省略)…

[鉄道開設当初] 鉄道開設当初の明治5年当時にあっては，強電流としての電気は未だ我が国には利用されていなかったのもならず，弱電流としても洵に幼稚なものであって固より鉄道専属の通信設備等は無く，工部省電信寮所属の電信局においてわずかに鉄道電報を取り扱っていたに過ぎなかった．

[鉄道専用電信線] 併しながら電気に依る通信は日を逐ふて長足の進歩を為し，鉄道においても専用の電信線を架設…(省略)…明治5年10月新橋横浜間開通と同時に同区間に鉄道専用電信線の使用開始した．是我が国における鉄道専用電信線の使用の嚆矢である．

[高周波通信設備] 通信技術の発達に伴い普通の有線式電信電話の外，無線電信電話および搬送式電信電話が採用されるに至った．すなわち無線電信電話は海上の船舶と陸上の通信の如き，また海峡を隔てる通信の如き普通の有線式電信電話または海底電線を使用するに適しない箇所に施設するのであって，鉄道専用の無線通信設備としては，大正9年7月津軽海峡に500W瞬滅火花方式無線電信設備を装置し，同年9月青森函館連絡船と陸上間および青森〜函館間に無線電話を装置して以来漸次増設され，昭和9年3月までに高周波通信設備をもつものは船舶に在っては関釜連絡船，青函連絡船，稚泊連絡船の各無線電信，電話設備と，陸上にあっては対船舶通信所の各無線設備と，その他試験用としての東京小田原間での列車無線電話等の設備されていた．

このように鉄道の無線利用は大正時代の連絡船通信から始まっており，地上列車無線の試験，短波帯での地上固定通信系の導入，そして太平洋戦争と戦後の復旧年代を経て，昭和30年代には無線技術の発達もあって，以降今日まで列車無線，固定無線と多くの無線設備が導入されています．

7 鉄道の無線利用Ⅰ：火花式の時代

無線関係では数多くの事例がありますが，主要な技術事項に関して年代を辿りつつ，それらの概略を以下に記述します．

■ 7.1 関釜連絡船に瞬滅火花式無線電信を設置——大正4年(1915年)

下関と韓国の釜山を結ぶ関釜連絡船が明治38年(1905年)から山陽鉄道で運航が始まり，同39年には鉄道国有法で国有化され，鉄道院によって運航されました．当時この航路を利用する人は，日本領の朝鮮や満州国への渡航が多く，大陸側では朝鮮鉄道や満州鉄道を利用し，なかにはシベリア鉄道経由でヨーロッパへ渡る人もいました．

この連絡船に，船舶航行連絡用，公衆電報用として，逓信省が所管する無線電信施設が大正4年(1915年)に壹岐丸，對馬丸，高麗丸の3隻に設置されました．また翌5年には新羅丸，同11年には景福丸に無線設備が整備されました．なお，大正11年には当該無線設備は鉄道省へ移管されます．

当該無線局は逓信省所管で開設されており，陸上局(海岸局)は逓信省角島無線局(山口)および朝鮮側の釜

山無線局が担当し，各連絡船との間で無線通信が行われていましたが，鉄道院移管後も同じ運用形態がとられました．
● 送信装置

当初は瞬滅火花式，電力2 kW，波長600 m，予備300 mおよび1300 m．昭和4～5年に真空管式（UV204A）へ更新．持続電波250 W，周波数500 k，425 k，375 k，143 k，136 k，125 kHz
● 受信装置

当初は鉱石検波式．大正15年(1926年)に真空管再生検波低周波2段増幅装置へ更新

■ 7.2 津軽海峡連絡用として瞬滅火花式無線電信を設置──大正9年(1920年)

青森～函館間の連絡船は明治41年(1908年)から「津軽海峡連絡船」と称して運行されていました．情報連絡は鉄道電報か通常電報であり，記入された電報用紙を船便継送，至急電報は通信省所管の公衆電報によっていたため，連絡船のわずか110 km間の通信に11時間も要する状態でした．とくに船～列車間の敏捷な連絡を欠き，航行中の連絡船に対する通信が途絶えるなどの不備不安が大きくありました．そこで，ここに当該区間の通信系確保策が検討され，海底電信線なども検討されましたが，大正7年に無線電信を設備することになりました．

無線設備の青森側は青森市外の沖舘村に，函館側は函館市外の高大森に送信所を設備しました．国鉄としては最初の固定無線回線となりました．
● 送信装置：瞬滅火花式，電力500 W，波長600 mおよび300 m
● 受信装置：鉱石検波器および真空管検波器
● 空中線：高さ30 m，T形

■ 7.3 津軽海峡連絡船に瞬滅火花式無線電信を設置──大正9年(1920年)

明治41年，イギリスに発注していた汽船2隻で比羅夫丸，田村丸(共に1509トン，定員328名)が就航しており，大正9年に運輸上/事務上そして航行安全上の理由から無線電信設備が設置されました．陸上局(海岸局)として，沖舘(青森)と久根別(函館)に送信所を，青森と函館に受信所をそれぞれ設けました．
● 送信装置：瞬滅火花式，電力500 W，波長600 mおよび300 m
● 受信装置：真空管検波器と鉱石検波器．

昭和4年4月から公衆電報の取り扱いを開始し，昭和6年3月から瞬滅火花式から真空管式に更新され，500 k，410 k，375 kHzが追加されました．また準滅火花式は136 k，125 kHzに変更されました．電報は1航路で業務用3～5通，公衆電報2～3通でした．

8 鉄道の無線利用Ⅱ：戦前の真空管式

■ 8.1 津軽海峡連絡用として無線電話回線を設置──大正14年(1925年)

青森～函館間は大正9年に電信回線が開通しましたが，本州側も北海道側も共に有線通信線路が整い，当該区間での無線電話回線を構築して，青森および函館で本州側と北海道側の有線回線と接続して直接通話を可能としました．

当無線系の構築には，先の電信回線用無線設備と同じ場所に，以下の設備が設けられました．これが国鉄における電話用固定無線の最初です．
● 送受信機設置場所
　青森側　送信：青森市外の沖舘村，受信：青森駅構内
　函館側　送信：函館市外の高大森，受信：五稜郭駅前
● 送信装置：出力250 W，電波型式A3E（プレート変調）
● 送信波長：青森側700 m，函館側850 m
● 受信装置：高周波1段，可聴周波1段増幅
● 空中線：送信側T形(木柱60 m×2本)，受信側T形(木柱45 m×2本)

■ 8.2 列車無線試験──大正15年(1926年)

大正11年(1922年)から列車無線研究用として，火花式送信機と鉱石受信機を設置して準備していたところ，歴史的大災害となった大正12年9月1日(1923年)の関東大地震が発生しました．街中や鉄道等の通信設備が被害甚大で，近遠距離共に通信途絶状態に陥りました．

そこで今日でいう非常通信を行うため，大井町試験設備を急遽整備して，東京湾の芝浦岸壁に急配された官民所属の船舶との間で無線通信を行い，船舶無線局を介して電文中継して各地方へ，なかには外国までも地震発生等の情報が伝えられました．この活躍を「日本国有鉄道百年史」は次のように記しています．

> 鉄道省業務の通信の外，公衆用にも供し大なる活躍をし，あわせて官庁用無線通信として国鉄通信技術を発揮した．これが災害無線の嚆矢でもあり，その後の基礎をなす因となった．

関東大地震の後，鉄道関係設備の復旧作業や無線機の真空管方式への改良作業もあり，大正15年3月19日の通信省告示で，大井町変電所構内および旅客列車内装置で官庁用無線電信電話(局)が承認されました．
● 無線電信呼び出し符号
　第1装置：JFYA，第2装置：JFZA

- 無線電話呼び出し名称
  第1装置：鉄道省大井工場，第2装置：旅客列車
- 使用波長：
  1300 ～ 1350 m，1600 ～ 1650 m

上記の承認を得て，固定局(基地)を大井変電所構内に，移動局は当時の呼称でいう二等車(ボギー)とし，移動範囲は大井町～小田原間で，次の機材により電話/電信の無線試験が実施されました．

固定局(基地局)

- 送信機：テレフンケン社(ドイツ)製，出力500 W，送信管RS-18(3極管)，プレート電圧3 kV，変調管RC-55(B級増幅)
- 受信機：当初は鉱石検波器，その後は高周波増幅付き真空管検波に改良
- 空中線：傘型アンテナ

移動局

- 送信機：出力70 W
- 受信機：RCA社IP-501型，単球再生検波方式
- 空中線：送信は屋根上に逆L形，受信は車両側面に逆L形

無線電話の試験結果は大井町～大船間で通話可能，無線電信は大井町～国府津間で通信可能でした．その後，線路に平行する裸通信線を利用した誘導無線の試験も行われました．

この試験は一時中止したまま十数年経過しましたが，戦争の勃発直後に試験再開の動きがあったものの，費用や機材調達等の問題から実現に至りませんでした．

遞信省告示第五百四十五號
銚子無線電信局ニ於テハ無線電信ヲ以テ船舶無線電信局ヘ左ノ手續ニ依リ中央標準時ヲ發信ス
大正二年七月一日　遞信大臣　元田肇
無線電信ニ據ル報時手續
一　銚子無線電信局ニ於ル報時ハ日曜日ヲ除クノ外毎夜東京天文臺ヨリ陸上連絡電線ニ依リ送信シ來リタルモノヲ該局ノ送信用繼電器ヲ以テ自働的ニ發信スルモノトス
二　前項ニ依リ銚子無線電信局ヨリ通報スヘキ時刻ハ中央標準時ノ午後九時、同九時一分、同九時二分、同九時三分及同九時四分ノ五回トシ左ノ區別ニ依リ各注意符號ヲ前置シタル後何レモ一秒間連續ノ長點ヲ送リ其始端ヲ以テ時刻ヲ指示ス

〈図8.1〉対船舶標準時送信の告示(遞信省告示 第545号，大正2年7月1日)

8.3 無線報時受信設備――昭和4年(1929年)

日本で電信による時報が始まったのは明治21年(1888年)のことです．郵便局では，日曜日と祭日を除く毎日11時57分になると，全国の一/二等局および特定三等局に通じる電信線は通信が中止され，東京市にある中央電信局の自動報時機に接続され，各郵便局の電鈴が鳴り始め，12時(正午)に東京天文台で自動報時機に通じる電流が断たれると電鈴が鳴り終わるしくみでした．この瞬間が正午であることを知らせていました．一般市民は郵便局の電信係に行けばこの電鈴を聞くことができ，各人は時計の整時に利用していました．

鉄道において列車運転時刻の正確性確保から，上記と同様に東京天文台から東京中央電信局経由で鉄道省東京通信所に通じて，各駅に時刻を知らせていました．

その後，大正4年(1915年)に30秒ごとの時刻符号で動作する電気時計が導入され，主要駅には1週間無調整で5秒以内の精度が得られ，かつ，東京天文台からの時刻整時を行う大型振子式親時計が設置され，これから各駅や構内に設置された子時計に時刻符号が送出されるようになりました．

このような有線回線を利用する報時方式に対して，船舶や有線系報時手段が困難な山岳/僻地に対しての報時を無線系で実施するため，大正2年(1913年)に**図8.1**のように告示されました．

昭和4年(1929年)になると時刻精度の確保から，東京天文台から午前11時と午後9時に標準時刻を無線で受けて，整時された国鉄基準時計から国鉄業務に合わせて朝の6時と正午に電信回線および有線回線によって全国鉄へ一斉に標準時刻を報知していました．この東京天文台からの無線を受信するため，国鉄側には次の設備が設けられました．

- 設置場所
  東京鉄道局 東京通信所(東京府麹町区丸の内)
- 周波数：35.3 kHz，40 kHz
- 受信機：検波再生，低周波3段(UX112 A)
- アンテナ：24 m，木柱3本

この電波による報時が，今日の標準周波数局(JJY)の前身です．正確な標準周波数にタイム・コードを載せて福島県と佐賀県の2か所から発射しています．

- 福島県田村市おおたかどや山：40 kHz，50 kW
- 佐賀県佐賀市はがね山：60 kHz，50 kW

8.4 津軽海峡連絡用の無線電話回線を増改良（固定無線）──昭和6年（1931年）

この区間には，大正14年（1925年）に波長700 mおよび800 mによる固定無線電話回線が構成されていましたが，本州側での東京～青森間，北海道側での函館～札幌間で裸線搬送回線が整備されました．ここに東京～札幌間の電話中継回線を構成することとなり，青森～函館間の海峡区間に，東京～札幌間電話中継回線専用の無線電話回線が下記のように設備されました．なお，既設の無線電話回線は青森～函館間専用として運用されました．

国鉄では初めての中波帯 固定無線局となりました．結果は良好で，昭和10年（1935年）には第2装置が増設され，更に昭和11年には二重変調方式を採り入れて回線が増強されました．

- 送信周波数：青森側1750 kHz，函館側1850 kHz
- 送信出力：400 W（グリッド変調方式）
- 空中線：高さ30 m，T形
- 受信機：6球スーパーヘテロダイン式，AVC付き

8.5 排雪車用連絡無線の試験実施──昭和9年（1934年）

仙台および札幌鉄道管理局において，排雪車であるマックレー車とロータリ車間の連絡無線が試験されました．30 MHz帯で送信機は25 W振幅変調，受信機は超再生検波方式でした．結果は通達距離が2 km程度と実用化に乏しく，継続試験となりました．

8.6 大宮駅構内で誘導無線試験実施──昭和11年（1936年）

先の大正15年の国府津～横浜間で実施された列車無線試験と合わせて行った誘導無線機材を使って，大宮駅構内で基本的諸特性の試験が実施されました．利用周波数帯は100 kHz，出力50 Wで良好な測定結果が得られたものの，当時の国内事情から実用化に至りませんでした．

誘導無線の利用は，後述する戦後の対列車無線通信方式の試験/検討結果に対して，当時のGHQ（連合国軍総司令部）、CTS（GHQ民間輸送局）から，当時アメリカで実例のあったインダクティブ・ラジオ（誘導無線）方式を示唆されたことが始点となっています．

8.7 太平洋戦争中は鉄道の無線利用業務は停滞──昭和16年（1941年）～昭和20年（1945年）

この間に青函連絡船は，連合軍によって15隻を沈没たり火災等で失いました．しかし，昭和22年には12隻の連絡船で本州北海道間の乗客や貨物輸送を行っていました．

9 鉄道の無線利用Ⅲ：戦後の試行錯誤

9.1 車両無線の試験研究と追突防止無線の整備──昭和21年（1946年）

● 運輸省 鉄道総局に，無線通信課が誕生

終戦直後の昭和20年12月，当時の運輸省 鉄道総局に無線通信課が設けられ，鉄道運営を合理的かつ効率的に行うには無線利用が不可欠であるとしました．

列車無線技術と運用に関する研究開発が始められ，最初の目標は操車場作業の能率向上と安全確保に向けた調査試験が，鶴見，大宮，稲沢，吹田，長岡の各操車場構内で行われました．昭和21～22年にかけてVHF帯 AM方式/FM方式で実施され，車両無線として試験結果も良好で，実用化への見通しが得られていました．電波法が制定される前でもあり，今日のように無線局種別が明確化されていませんでしたが，当時の国鉄の中では，固定無線と移動無線とに大きく分けて移動無線を「災害用無線，車両無線，船舶無線」の三つに区分していました．

● 列車追突事故の防止

この時期は鉄道施設の復旧が遅々として進まず，老朽/劣化した施設状況で列車運行は事故が頻発し，とくに停車列車に後方列車が追突する事故が多発し，GHQからは緊急防止策を強硬に要求されました．

ここに，好成果を得ていた車両無線をこの緊急対策として利用することとして，東京～沼津間での追突防止策試験を実施し，その結果トンネル区間以外は利用目的に応えられることが概確認されました．

しかし，完全なる運転保安装置としては真空管の寿命や耐久性に難点があり，運用部門としては信号保安装置の補助装置として使う旨が明らかにされました．

これが，単に追突防止用として列車相互間の警報通達だけでは宝の持ち腐れであり，列車対列車間，列車対駅間の通話用にも使用するべきであるとして運用側も理解し承認しました．

しかし，GHQおよびCTSに当該計画を説明したところ，保安装置として無線装置を使用することは却下され，代わりに輸送能率向上のために操車場で使用した方が良いと示唆されました．加えて，本線上で使用するものは超短波帯のように地形の影響を受けて不感地帯を生じたり通達距離の短いものより，既設裸通信線を利用する誘導無線方式がアメリカの実例からも望ましいとして，今後の鉄道対列車無線伝送方式の在り方について明示されました．

その後，昭和30～40年代の国鉄や公民鉄道の列車無線方式の検討や計画にもGHQの方針が影響しています．

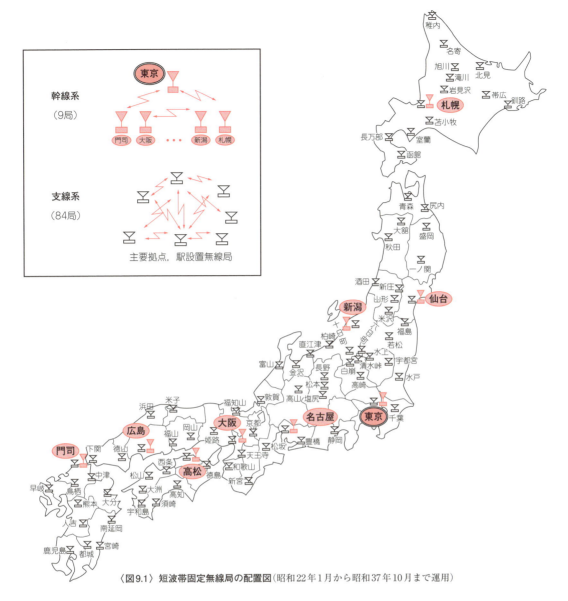

〈図9.1〉短波帯固定無線局の配置図(昭和22年1月から昭和37年10月まで運用)

● VHF帯を使った列車無線の伝搬測定や通信試験

上記の車両無線や追突防止無線システムを開発するべく，VHF帯を使った列車無線の伝搬測定や通信試験が東京～沼津間で実施されました．
- 周波数：37.5 MHz，FM変調，送信出力：10 W，アンテナ：$\lambda/4$垂直
- 電源：12 V，200 Ah蓄電池コンバータ
- 試験設備場所：EF56型電気機関車2両，国府津機関区1か所

国府津を中心に4日間だけの試験でしたが，VHF帯移動通信として初めての電界強度測定や通話試験が実施されました．

試験結果については，今後の実用化には幾多の研究課題を残して完了したと記録が残されています．

■ 9.2 短波帯による全国固定無線回線網の整備──昭和22年(1947年)

昭和16年(1941年)初頭に，有事を考慮して国鉄では重要拠点に固定無線系を整備するべく，東京以西の静岡，名古屋，大阪，広島，門司に無線通信所を設置しました．太平洋戦争に突入以降は未使用状態のままで終戦を迎えました．

終戦戦後は，戦災による有線系回線被害が復旧しておらず，通信疎通の麻痺状況に対処するため，上述した未使用の固定無線系を活用して全国主要拠点間に短波帯固定無線電信回線網が整備されました．米軍占領下であり，無線局申請も逓信省と同時に占領軍にも行

うため審査に時間を要し，また無線設備機材の調達にも難渋して，ようやく昭和22年1月以降に順次整備されることとなりました．

周波数は短波帯の4 MHz帯2波，8 MHz帯2波，送信出力は東京400 W，各地域200 W，電波型式A1(現在のA1A)で運用されました．

無線局は，東京，門司，広島，大阪，名古屋に続いて図9.1のように設置し，以降は全国主要拠点90箇所余りに整備され，昭和30年ごろには1日約2000通の業務用電報が送受信されていました．表9.1はその割り当て周波数と空中線電力です．

写真9.1は吹田送信所(大阪)にあった高さ30 m×3基の短波送信所アンテナです．ここには写真9.2の送信機のほかに3台の無線機が設置されており，これらを国鉄が購入するときの仕様書が図9.2のように定められていました．

災害時連絡用としても専用無線系が必要と考えられましたが，日ごろから利用していないと，いざ必要な時に使えないことが想定されます．そこで昭和27年(1952年)には，災害専用周波数と無線装置を整備しました．平常時には無線装置の正常性の確認を兼ねて，一般業務にも利用するため，2 MHz帯に3波，3 MHz帯に3波の免許を得て，既設通信所に無線装置を増設して運用されました．

なお，災害用無線電話としては，昭和23年から2800 kHzの基地局50 W，移動局30 W/5 Wがあり，昭和29年には2310 kHzが追加され，全国的に基地局約50局，移動局約140局が配備されていました．

■ 9.3 極超短波帯(UHF)多重化固定無線装置の新設──昭和23年(1948年)

● 日本初，国鉄初のUHF帯多重無線回線

終戦後の鉄道復旧期にあって，東京～札幌，仙台～札幌間の鉄道電話の通話疎通が円滑でなく，青森～函館間が隘路となっており，その輻輳対策が大きな課題でした．先述したような中波帯の単一通話回線では機能不足であり，ここに多重無線回線を構成するための技術調査と検討が行われ，日本電気で開発試作されていた600 MHz帯3回線多重無線装置を借用し，現地試験と調査を行って良好な結果が得られました．当時，

〈表9.1〉短波帯固定無線局の周波数と送信出力など

周波数[kHz]	電波の型式*	送信出力[W]
●幹線系		
4080	A1	200 (東京は400)
4200		
7965		
8015		
●支線系		
2125	A1	30～50
2240		
2550		
3727.5		
3762.5		
3960		
4630		
2800	A3	

＊注▶電波の型式A1は今日のA1A，A3はA3Eにそれぞれ該当する．

〈写真9.1〉吹田送信所(大阪)の短波アンテナ

〈写真9.2〉短波送信機(出力500 W)

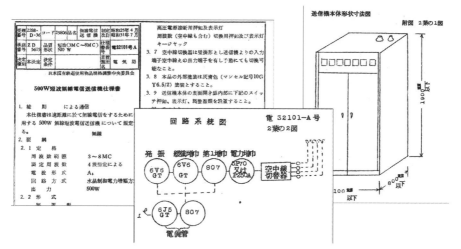

〈図9.2〉短波無線電信送信機(出力500 W)の仕様書例

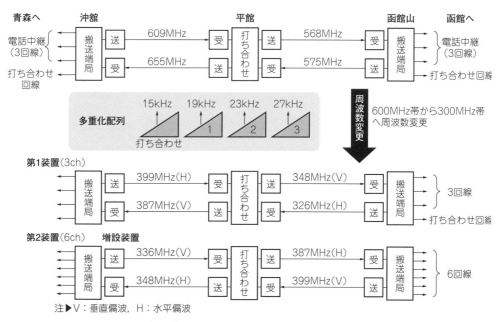

〈図9.3〉青森～函館間UHF多重無線回線の構成

逓信省と占領軍(GHQ)に申請と折衝を行い，UHF帯で初めての600 MHz帯4周波数の割り当てが得られる見通しとなりました．

この計画を実施するうえで無線装置等の調達は，戦時中に陸軍で利用されていた野戦用UHF帯無線機(600 MHz帯)およびその多重端局装置の払い下げを受けて，当該区間の固定多重無線回線を構成し，昭和23年(1948年)7月に我が国最初で，また国鉄としても最初のUHF帯多重無線回線(600 MHz帯，3回線多重)が図9.3のように実現しました．

その後，昭和25年に電波行政方針から300 MHz帯4周波数に変更実施となり，更に3回線多重では通話幅輳状態が続いており，回線増強として6回線多重の第2装置が増設されましたが，この周波数は図9.3のように第1装置の周波数を区間を変えて共用化が図られました．しかし，その後の国鉄機構改革等から当該区間の回線需要が一層増大して，後述のマイクロウェーブ化につながります．

● 無線設備保守業務の困難

当初の600 MHz帯3回線多重無線方式には，次のような苦労話が残されています．

送信機は戦時中に開発/製造された送信管TA-1507(写真9.3)による図9.4のようなレッヘル線自励発振方式で，出力2Wでした．

無線装置の振動によっても周波数が変動するほど不安定なことから，機器室に出入りするドア開閉，室内

〈写真9.3〉UHF多重無線回線の送信管TA-1507（住友真空管製）

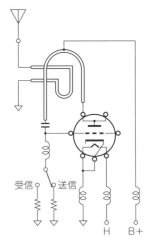

〈図9.4〉レッヘル線発振器による送信機の回路例

歩行も摺り足と細心な注意が必要でした．また，取り替えた真空管がたちまち不良になることが多く，良品は10％位だったようです．しかも1本2万円と高価で，当時の国鉄職員の月給2か月分に相当するほどでした．このように無線設備の保守業務に困難が続きました．

● 300MHz帯へ移行

無線機の改善が迫られる中，当該区間利用周波数が，当時のGHQおよび郵政省電波庁の周波数利用計画でTV放送のSTリンク用に割り当てられることとなり，使用開始から2年余で300MHz帯へ移行しました．

保守の困難度軽減のこともあり，水晶発振方式とAFC方式が採用され，短寿命の送信管TA-1507も数段改良されましたが，保守業務ではやはり一番の苦労だったようです．

第2装置の周波数利用にあっては，第1装置の周波数共用から，平館局での各種回り込み，スプリアスの干渉等について，アンテナ偏波面利用も含めて，諸試験や調査を重ねて実施され，関係者の苦労によって設備が完成しました．

当該区間の電話中継回線数は，中短波無線1回線，第1装置3回線（打ち合わせ1回線），第2装置6回線（打ち合わせ1回線）で，打ち合わせを含めて合計12回線となり改善されました．

■ 9.4 入れ替え機関車連絡用無線の新設 ——昭和24年（1949年）

神戸港操車場駅は戦後，連合軍物資の船舶貨物の一大集積港でした．埠頭/港湾施設は連合軍に接収され，鉄条網で隔離されており，敷地内にある貨物線の入れ替え機関車の機関士～操車掛と，接収地外の駅運転本部/信号扱所との間の作業連絡に困難が生じて，作業能率が大きく低下していました．この対策として，無線を使って連絡すべく，昭和24年（1949年）に逓信省へ実用化試験局として申請し認可を得て実現しました．

● 周波数など：150MHz帯×1波，AM変調，プレス・

〈写真9.4〉神戸港駅運転本部の基地局アンテナ（頂部に人が見える）

トーク方式
● 基地局：神戸港駅運転本部，出力20W，ブラウン・アンテナ
● 移動局：SL機関車（無線車併結）5局，出力10W，ホイップ・アンテナ

写真9.4は神戸港駅運転本部に設置された基地局アンテナです．鉄塔上に人の姿が見えます．**写真9.5**は，蒸気機関車に併結した無線装置搭載車両（控え車）です．無線機の電源は重量60kgもある鉛蓄電池でした．

〈写真9.5〉無線機搭載控え車(手前)と蒸気機関車に併結したようす(奥)

〈写真9.6〉雨のなか二人がかりで蓄電池を運ぶ(神戸港無線局)

〈写真9.7〉地上1.3mにある控え車の床上に60kgの蓄電池を放り上げる(神戸港無線局)

使用前に充電して控え車に積み込み,使用後は降ろして充電しなければなりませんでした.**写真9.6**は雨のなか二人がかりで蓄電池を運ぶようす,**写真9.7**は地上1.3mにある控え車に放り上げているところです.

昭和25年から使用開始されましたが,当時は真空管式無線機であり,種々のトラブルの発生がありました.その対策を重ねて,昭和28年にはAM変調からFM変調に改良して,これまでの実用化試験局免許から実用局に改めて正式な運用が開始されました.

従来の構内作業の操車掛と入れ替え機関車運転士との間の情報連絡は,おもに手旗合図を使っていました.無線系の導入により,運転本部,信号扱所機関士,操車掛等のいずれとの間も音声連絡が可能になり,安全と情報の迅速性が確保され,構内作業の効率化が図られました.

以降,VHF帯方式では室蘭,大宮,門司港,戸畑,長岡,旭川等で導入されました.昭和43年(1968年)以降はUHF帯を使い,同一駅構内での作業グループ毎に専用周波数を利用する方式が導入されました.

■ 9.5 短波帯業務連絡用 可搬無線電話装置の配備──昭和25年(1950年)

昭和23年(1948年)以降,非常用の短波帯災害用無線電話として2800kHzに,基地局50Wと移動局30W/5W,振幅変調の単信方式無線電話機が全国主要拠点に配備されてきました.あくまで非常用であって,天災地変,鉄道事故時の災害時にしか運用できないなどの制限があって,一般的な鉄道業務用には使用できませんでした.

昭和25年になって,無線機の有効利用の観点からも常時運用可能な陸上移動局への変更が許可されました.その後,昭和29年には利用競合から更なる周波数が必要として,2800kHzに加えて2310kHzが追加免許となりました.**写真9.8**は姫路基地局の無線装置と運用状況です.この無線装置は出力50Wで,送信機は**図9.5**のような構成でした.変調器はUZ-42が終段で,送信電力管P560の抑制格子(サプレッサ・グリッド)に変調をかける振幅変調でした.

当該無線局の配置は先の**図9.1**に示したように全国

〈写真9.8〉業務連絡用無線電話の運用状況（姫路基地局）

〈表9.2〉BC-611タイプの短波帯携帯無線機の仕様例

項　目	値など
周波数	2～3 MHz
通信方式	単信，プレス・トーク
変調方式	AM
出力	0.36 W
真空管	電池管5本
電源	A電池1.5 V，B電池103 V
到達距離	約1マイル（約1600 m）

〈写真9.9〉
米軍の携帯無線機BC-611を昭和30年代に自衛隊／警察／国鉄などが導入した

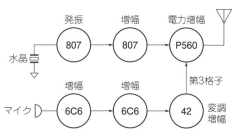

〈図9.5〉姫路基地局の無線装置（出力50 W）の系統図

で80箇所余になっていました．

■ 9.6 携帯用無線機の整備
── 昭和30～34年（1955～1959年）

　鉄道施設は，線路や橋梁をはじめとして電車線，変電所や信号機器，これらを結ぶ通信線路等の地上設備によって列車運転が確保されています．これら地上施設は，安全確保に直接かかわる重要設備であるため，日夜を通して設備点検作業を担当職員が行っていました．作業は「線状」の長い鉄道区間の中に「点状」に設けられた各種設備の点検であって，関係するほかの地点にある設備箇所／拠点の作業員との連絡が必要です．古くは約500 mごとに設置してある沿線電話端子箱に，仮設用電話延長線を介して携行した電話機を接続し，やっと連絡するものでした．

● 短波帯無線電話機

　このように連絡手段の確保には難渋していましたが，太平洋戦争や朝鮮戦争で軍用携帯無線機が発展し，朝鮮戦争の停戦以降には民需用としても利用可能となりました．その最初が戦争映画でもよく見受けられる米軍のBC-611（写真9.9）タイプで，短波帯業務連絡用として2800 kHzで利用が始まりました．表9.2はその概要です．

　BC611タイプの無線機はアンテナが約1.5 mと長く，また右手で持ちながら耳や口に接近させて無線機を操作するので，筆記や点検作業がしにくいという難点がありました．駅や操車場構内での車両点検，貨車番号の確認読み取り作業，送電線点検等では，これらの解決策が求められました．

● VHF帯無線電話機

　そこでVHF帯でアンテナも約50 cmと短く，写真9.10のように背負い型で，通話時以外は両手作業が可能なVHF帯無線電話機が昭和29年（1954年）に開発されました．国鉄仕様書で「超短波携帯無線電話機電32806号」として制定されました．主な仕様を表9.3，系統図を図9.6にそれぞれ示します．

　このように列車運転の安全確保と，諸作業の確実／効率化を目指して携帯無線電話機を開発し，導入に努力してきました．しかし，現実には電波法の無線局運用規則によって，通信するいずれかの側に無線従事者免許の保有者が求められ，導入の障害となりました．

　このような事例が無線利用業界の共通課題となり，電波行政の中で免許を要しない無線局が新たに制定されるようになりました．

　今日，JR東日本では列車乗務員の全員と駅施設／電気等の関係者には第3級陸上特殊無線技術士の資格取

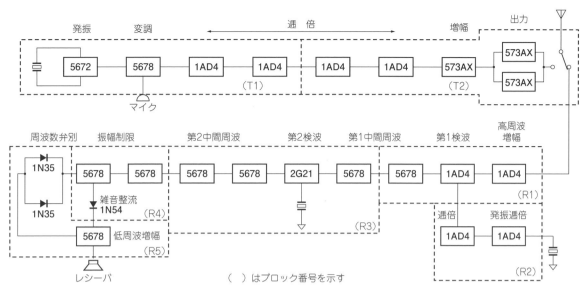

〈図9.6〉国鉄が制定したVHF帯携帯無線電話機の系統図

〈写真9.10〉VHF帯携帯無線電話機(三菱電機製)の使用例

得の場が設けられています．

● 第3回へつづく

次回は鉄道における固定無線でのマイクロウェーブ回線の導入/建設等に関する歴史を辿る予定です．

〈表9.3〉国鉄が制定したVHF帯携帯無線電話機の主な仕様

項　目	値など
周波数	150 MHz帯の指定の1波
通信方式	プレストーク方式
変調方式	水晶発振位相変調による等価FM
送信出力	0.5 W以上
受信方式	ダブル・スーパーヘテロダイン
電源	1.5 V，67.5 V，135 Vのブロック乾電池
形状	高さ245 mm，幅180 mm，厚み95 mm，背負いバンド付き
重量	5 kg以下

◆参考文献◆

(1) 鉄道省電気局；「鉄道省電気局沿革史」，513p. + 38p.，1935年6月．
(2) 日本国有鉄道 総裁室；「日本国有鉄道百年史」，全19巻，1969～1973年．
(3) 社団法人 鉄道通信協会(現 鉄道電気技術会)；「鉄道通信発達史」，530p.，1970年10月．
(4) 社団法人 鉄道通信協会(現 鉄道電気技術会)；「鉄道通信発達史 続編」，462p.，1984年5月．
(5) 社団法人 鉄道通信協会(現 鉄道電気技術会)；「月刊 鉄道通信」各号，1935年～1990年．
(6) 若井 登 監修，無線百話出版委員会 編；「無線百話」，502p.，クリエイトクルーズ，1997年7月．
(7) 漆谷正義；「火花放電式無線電信機の実験」，RFワールド No.44，pp.122～129，CQ出版，2018年11月．
(8) 「大阪無線区 創立10周年記念アルバム」，1957年10月．

ふじわら・こうぞう 元 日本国有鉄道本社 電気局信通課

歴史読物

自動音量制御から
ステーション・マスター・アンテナまで
ハロルド・アルデン・ウィーラーと
応用電子工学

後編：軍事分野，各種アンテナ開発，公式集など

フレデリック・ネベカー 著，中嶋 政幸 訳

Written by Frederik Nebeker, Translated by Masayuki Nakajima

8 第2次世界大戦

　第2次世界大戦が始まるとヘーゼルタイン社はテレビジョン開発を止めました．しかし，そのパルス技術，つまり電流パルスがテレビジョン映像の輝点を作るということが，レーダ研究において役立ちました．戦後ウィーラーはテレビジョン回路には戻りませんでしたが，ヘーゼルタイン社はカラー・テレビジョンの開発で第一人者となりました．

■ 対戦車地雷検知装置

　1940年6月，米国が欧州戦争に参戦する可能性が高くなったとき，ルーズベルト大統領は，ヴァネヴァ・ブッシュが提案した民間の軍事分野に対する研究を統合する法案を承認しました．取りまとめ機関である国防研究委員会は民間の科学者と技術者が軍事の研究開発に参加するように手配しました．いくつかの軍事プロジェクトに参加していたヘーゼルタイン社は，陸軍工兵部隊のため，埋設された対戦車地雷を検知する装置を単独で開発する任を負いました．

　このプロジェクトを指揮したウィーラーは，既製製品，いわゆる「宝物発見器」からスタートしました．ウィーラーの言葉によると「宝物発見器は長い棒に付けた複数のコイルであり，埋設された金属物体の反応を検知するためには，コイル間の結合が際どく釣り合う必要がありました．その第1の欠点は，釣り合いが際どいため，日光に曝すだけで膨張によって釣り合いが崩れることでした」(54)．

　ウィーラーは二重コイルを3個の共平面型の同心コイルに置き換えて，反対向きの内側と外側のコイルを送信機，および中間のコイルを受信機としました．コイル間の釣り合いは，彼が計算で予測したとおり温度変化に対して安定しました．この発明は，ヘーゼルタイン社のレスリー・カーティスが主担当で開発した卓越した機構設計と組み合わせて，効果的な地雷探知機SCR-625（**写真5**）となり，1942年の北アフリカ戦線に急きょ投入(55)されました．SCR-625は（他社により）量産され，第2次世界大戦から朝鮮戦争まで広く利用されました．

■ 2次レーダ：敵味方識別装置(IFF)の開発

　ヘーゼルタイン社が行った他のプロジェクトの中にはテレビジョン誘導爆弾の可能性調査がありました．実現可能性は実証されましたが，ヘーゼルタイン社のこのプロジェクトは中止となりました．しかし間もなく，当初は通信部隊のため，後に海軍のために開発することになったレーダの開発業務が発生し，ヘーゼル

〈写真5〉ウィーラーとヘーゼルタイン社の技術者が設計した地雷探知機SCR-625．第二次世界大戦から朝鮮戦争まで広く使用された

タイン社は総動員で対応する必要が生じたため，ほかのプロジェクトを請け負いませんでした．

● 1次レーダの欠点を克服する

戦前において初期開発段階の技術だったレーダは，多くの戦闘員たちが雲や霧を通して遠距離にある艦船や航空機を直ぐに検知できるようになるという点で明らかな軍事的価値がありました．しかしレーダ・スクリーン上の輝点はその艦船や航空機が敵かどうかを明らかにしませんでした．IFF（敵味方識別）はこの問いに答えるために設計されたシステムでした．味方の航空機や艦船は，自動応答装置またはレーダ・ビーコンを持っており，それが監視レーダまたは質問機と呼ばれる別の送信機から信号を受信したときに，ある符号を返信します．返信がない場合には，その航空機や艦船は敵と認識されます．英国軍は1939年にIFFシステムMark Ⅰのテストを行い，Mark ⅡおよびMark Ⅲは改良された英国軍のシステム[56]でした．

そしてコミュニケーション・ボード（訳注：現在はCombined Communications - Electronics Board）によりMark Ⅲを全同盟国で採用することが決定されました．

● 海軍の全IFF装置の設計と製造契約を取得

ヘーゼルタイン社は海軍のすべてのIFF装置の設計および製造の手配をする契約を取得しました．Mark Ⅲの実験機からスタートし，ヘーゼルタイン社の技術者は改良システムを設計しました．IFFはそれまでヘーゼルタイン社が扱ってきた周波数より高い周波数を使うため，ウィーラーはその周波数帯に適合するアンテナと伝送回路を研究しました．

● IFF用アンテナの設計

これに先立ちウィーラーはアンテナ設計の仕事を行っていました．1930年代，受信機はますます高くなるラジオ周波数（6〜18 MHz）に対して設計されたため，アンテナを大きく改良することが可能になったのです．したがってウィーラーは「アンテナ設計は私が直ぐに取り入れた新分野の専門知識になった」[57]と述べています．1936年に論文[58]を発表し，1937年に水平8の字アンテナという特許を申請しました．

IFFシステムはさらに高い周波数帯域（157〜187 MHz）を使うため新しいアンテナが必要でした．ウィーラーはヘーゼルタイン社内にアンテナ・グループを立ち上げ，このグループの3〜4人は次の数年間，ウィーラーの監督のもと，航空機，水上艦，潜水艦，および地上局に対する一連のIFFアンテナを設計しました．

■ 戦時中に設計したアンテナ

非常に有名なのは，いわゆる「ライフセーバー・アンテナ」（図2）です．これは垂直のモノポール・ア

ンテナの真下に放射状で3本のスポークを持っており，終戦まですべての連合国艦船に設置されました．

彼が設計した他のアンテナは，（イタリアとフランス戦線で敵陣の背後に着陸する輸送機の誘導に使われた落下傘兵用ビーコンPPN-1の）折りたたみ足の垂直アンテナ，および（太平洋戦線で使われた通信隊YHビーコンなどの応答装置ビーコン用）水平半ループ・アンテナです．戦後，海軍はウィーラーの貢献を評価し，表彰状を贈呈しました．

■ インタビュー

ウィーラー：戦争の中ごろ，私たちのIFFシステムは多少妥協的なものであり，より進歩したシステムが必要とされました．そこで差し迫った必要性に対応し，海軍は全機関のリーダとして，政府および民間の両方でIFF後継機に取り組むプロジェクトを開始しました．Mark ⅢのあとにMark Ⅳが存在しましたが，これは使われませんでした．次はMark Ⅴと命名され，これが戦争後半の集中的な開発対象になりました．

Mark ⅤはワシントンDCの米国海軍研究試験所の肝入りで開発されました．このプロジェクトには，すべての政府軍機関および装置開発する意欲のある複数の企業が参加しました．それは連合研究グループ（CRG）と命名され，米国海軍研究試験所の新しいビ

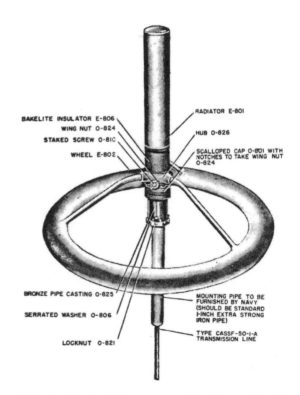

〈図2〉第二次世界大戦で広く使われた「ライフ・セーバー・アンテナ」CTZ-66-AFJ

Frederik Nebeker; "Sparks of Genius: Portraits of Electrical Engineering Excellence", IEEE Press, 268p., 1993; ISBN 978-0780310339

ルに本部が置かれました．私と私たちのグループは，現地で膨大な時間を使いました．この新しいプロジェクトにおける私たちの任務であり喫緊の責任は，彼らが必要と考えた装置を迅速に提供することでした．そして私たちはこの活動を補助するためリトル・ネックにある本部と海軍研究所(NRL)間にシャトル便を設けました．
Naval Research Laboratory

…このMark VとⅤと命名されたCRGの設計はLバンドという高い周波数帯(約1GHz)を使うことが，これまでと違っていました．したがって，そこには新しい一連の技術課題がありました．アンテナと高周波回路周辺領域で私がリーダとなりました．

そこで私は，この領域で特許をいくつか取得しました．このプロジェクトは戦争が終了すると急停止しました．つまりこの大掛かりなプログラムは縮小されて，一つの引き伸ばし業務になってしまいました．それは結果として，新たな簡単化されたIFFシステムを短時間で実現させ，そしてそれは戦後のIFF装置の礎となりました．それがMark Xとなりました．当然中間の番号はどうなったのか気になるところです．ある日，政府のリーダの一人であるジーン・フビニは黒板の傍らで次世代の機器について話をしました．彼は"Mark X"(文字Xは未定番号)と書きました．そしてそれがMark Tenと書き換えられたのです．
Gene Fubini

ネベカー：それでⅥ，Ⅶ，Ⅷ，およびⅨは存在しないんですね？

ウィーラー：そうです．そしてヘーゼルタイン社がMark Xおよびその後継機の開発および生産の両方におけるリーダ[59]になりました．

9 ウィーラー研究所

■ マイクロ波回路と目標追尾アンテナの研究

終戦直後の数年間には，電気技術者にとって格別な機会がありました．ウィーラーは，自分が有名になったのでコンサルタントとして十分やっていけると自覚し，ヘーゼルタイン社を出ることにしました．最初にウィーラーに接触してきた人々の一人がベル研究所のホイッパニー研究所 所長，ロバート・ポールでした．
Robert Poole

1926年，ベル研究所はニューヨーク市の西約30マイル，ニュー・ジャージー州ホイッパニーに小さな研究所を設立していました．この研究所は田舎にあるため，ベル研究所が海軍のために行うことにしたレーダに関する極秘研究の場所となり，1938年に新たな技術グループがホイッパニーに組織されました[60]．戦後ホイッパニー研究所は地対空誘導ミサイル「ナイキ」に関する電子誘導装置およびその他部品の開発拠点[61]となりました．
Nike

ウィーラーは2人の技術者と働いており，ナイキ・システムのマイクロ波回路設計の契約を結びました．ウィーラー研究所は1947年に法人組織となり，おもにホイッパニー研究所からの下請け仕事を行いながら，従業員は次の10年間に着実に増加しました．ナイキ・ハーキュリーズ・システムの開発は1953年に始まり，このプロジェクトでウィーラー研究所はマイクロ波回路および革新的な目標追尾アンテナ，現在も実用されている二重反射鏡アンテナを設計[62]しました．ウィーラーは自分の会社について「…私たちは贅沢なことに主要な管理をベル研究所にしてもらい，私たちのほとんどすべての注意を創造的仕事に注ぎ込むことができました」[63]と述べています．
double reflector antenna

■ 小型アンテナの研究

アンテナ設計はウィーラーにとって特別に興味のある分野でした．彼は受信する波長よりずっと小さな寸法の「小型アンテナ」の理論研究を行い，それにより簡潔な関係と法則を明らかにしました．その後数十年，彼は「アンテナの設計原理」および「理論研究を基に設計した特別なアンテナ」の両方に関する論文[64]を発表しました．
small antennas

例えば，ミサイル弾頭に取り付ける近接信管のための小型アンテナについて助言したとき，彼は以前のものよりはるかに効率の良い設計を提案しました．

潜水艦との通信に超長波(VLF)を使う海軍のプロジェクトに対する仕事の一部として，彼は小型アンテナで得られた定義にしたがって，世界一大きなアンテナの設計を援助しました．1961年に就役したこのアンテナは，メイン州カトラーに設置され，高さがそれぞれ1000フィートある26個のタワーで支持されており，2平方マイルに広がるものでした．このアンテナの2台目は13個のタワーで支持されており，オーストラリア(図3)に設置[65]されました．
Very Low Frequency

低周波で放射するアンテナの設計において，接地はアンテナの一電極と考えるので，ウィーラーは地殻を平行平板導波路と見なすことができると把握しました．表層は水分により導通し，これより下のおもに珪土でできた層は乾燥していて不導体，さらに深い層では高温により珪土が導通します．ウィーラーは1950年の学会で彼の考えを発表し，これにより「電波の伝送路が地球の地殻に長距離形成され，そして海洋の深部で出てくる…」[66]と指摘しました．海軍は水中の潜水艦と通信する方法を探っていたので，彼の特許に対して秘密裏に発注し，海軍の極超長波(ELF)プロジェクトがその可能性を検討するために開始されました．
Extra Low Frequency

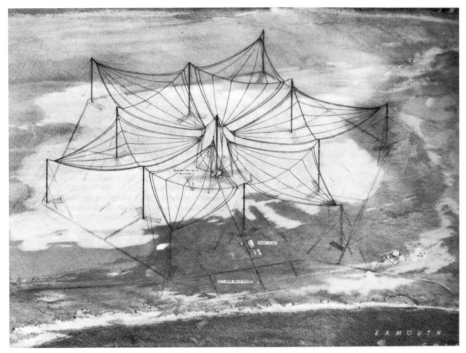
〈図3〉オーストラリアのノース・ウェスト岬に建設された米国海軍のメガワット級超長波アンテナ

■ フェーズド・アレー・アンテナの研究

　第2次世界大戦中には，複数（おそらく6素子）の独立した放射素子で構成されたレーダ・アンテナがいくつか存在しました．それらのいわゆるアレー・アンテナは機械式で走査していました．多くの人々がレーダ・ビームの電気的走査について考え始めており，その中の一人，アーサー・ローレン（Arthur Loughren）はヘーゼルタイン社にいました．ローレンは周波数走査と呼ばれるタイプの走査方法を考案し，後にほかの人々によってレーダ・ビームを放射位相を変化することにより走査する方法が考案され，いわゆる「フェーズド・アレー」が広く使われるようになりました．

　ウィーラーはアレー・レーダにも興味を持つようになり，1948年に非常に影響力の大きな論文の一つを発表しました．"Radiation resistance of an antenna in an infinite array or waveguide"[67]と題した論文はアレー・アンテナの設計に対する科学的な基礎を構築するのに役立ちました．ウィーラーはその設計過程においてアレー素子をあたかも無限アレーの1素子のように扱うことを提案しました．この考えはウィーラー研究所が行っているベル研究所に対する仕事ですぐ応用できました．1960年代ウィーラーはフェーズド・アレー・アンテナに関する論文をほかにも複数発表しました．

■ マイクロストリップ線路の特性を研究

　ウィーラーは伝送線路，とくにストリップ線路の理論と設計も専門的に研究しました．それは薄く細長い導体（ストリップ）を不導体シートによって帰路導体（別のストリップまたは接地平板）と分離したものです．プリント回路の考えは世紀の変わり目まで遡りますが，1950年代まで量産が始まりませんでした．

　ストリップ線路やマイクロストリップ線路の特性を算出するのは難しく，そしてウィーラーは1960年および1970年代，この分野に重要な貢献をしました．"Transmission-line properties of parallel strips separated by a dielectric sheet"という1965年に発表された彼の論文は「カレント・コンテンツ（Current Contents）」によって最高の引用 "Citation Classic"[68]と命名されました．

■ 技術者教育

　ウィーラーはヘーゼルタイン社および彼の自分の会社において，技術者教育を継続することに多くの注意を払いました．1930年代，ウィーラーはニューヨーク・ベイサイドのヘーゼルタイン社研究所で講座を開催し，自ら教育のほとんどを行いました．彼はウィーラー研究所でも同様に行いました．

　彼は，技術者たちが自ら改善した点や特許をライセンスした会社の設計に対して行った試験について報告

書を書くという，ヘーゼルタイン社で実践したことを継続しました．その結果，できあがった報告書は，以前ヘーゼルタイン社の技術者が発行した報告書と同様，顧客に高く評価されました．

■ ウィーラー・モノグラフの刊行

ウィーラーの工学的課題に対する科学的取り組み方法は，大抵長文の原稿になりました．IREの学会誌（Proceedings of the IRE）は，ほどほどの長さの論文だけを載せたので，ウィーラーは自費出版に切り替えました．1948年から1954年の間，40ページを越えるものを含む19本の論文がウィーラー研究所の出版物である「ウィーラー・モノグラフ（Wheeler Monographs）」というシリーズに掲載されました．

10 ヘーゼルタイン社への復帰

■ ヘーゼルタイン社によるウィーラー研究所の買収

1950年代にウィーラー研究所は成長し，1959年には約100人の技術者を雇用していました．軍は技術開発に多くの金額を使っていましたが，1959年になるとその金額はより少なくなり，したがってベル研究所はウィーラー研究所の下請けを前より必要としなくなりました．この状況の中，ウィーラーはヘーゼルタイン社の経営者と維持してきた親しい関係があったので，ヘーゼルタイン社のウィーラー研究所買収の提案を受け入れました．買収は1959年に行われ，1970年末までウィーラー研究所はヘーゼルタイン社の独立部門として存在しました．その年，ウィーラー研究所は親会社の研究所に統合されました．ウィーラーは1968年までウィーラー研究所の所長を続けました．

■ ウィーラー自身の回顧

1950年代は，それまで見たことも，その後見ることもない時代であり，その時代ペンタゴンは技術革新に可能な限り金銭を費やしました．一般にそれは政府においてよくあることではありません．しかし戦後のその時代は，とくに誘導ミサイルの黎明期であり，前例のない，そして今後起こることもない時代でした．つまりそれが技術革新の良田だったのです．

しかし，この10年間の最後，1959年に思いもしないことが起こりました．空軍は資金が縮小したため予定通り支払いができない見通しである旨の手紙を請負業者に送付したのです．

そう，それが幅広い技術革新活動を制限し始める多くの出来事の一つでした．とりわけそれによってベル研究所の仕事量は減少し，私たちの業務の需要が徐々に減少しました．それは彼らが私たちの事業と契約することが彼らの組織内で顰蹙を買ったとみることができます．なぜなら彼らは技術的素質を彼ら内部のグループと競合するまで本質的に築き上げたからです．しかし50年代の風潮において，それは重要な事項ではありませんでした．その後，私たちを紹介した人々は，より高い管理職になるか，または引退したために，彼らのグループとの関係が希薄になりました．後継グループの人は私たちの活動にかかわりが少なく，彼らに対する仕事は徐々に減少していったのです．

マクドナルド（MacDonald）が私に会いに来たのは丁度そんな時でした．彼は「もう一度一緒になるべきではないだろうか？」といいました．まあ，そんな状況なので私はその方針を受け入れ，ヘーゼルタイン社は株式の名目価格で私たちの会社を買収し，私たちは半ば独立した状態でその後10年大へん上手く活動を継続しました．私たちは依然私たちの名前で事業を行い，依然さまざまなほかの組織と契約する機会(69)を持っていたのです．

■ ステーション・マスター・アンテナ

1960年代，おもにベル研究所向けの下請け事業は継続しました．ウィーラーとその仲間は弾道弾迎撃ミサイル（ABM : AntiBallistic Missiles）およびABMレーダに関する設計を行いました．とくに興味深いのは1960年ごろコミュニケーション・プロダクツ社（Communications Products Company）にウィーラーが対応した仕事です．その仕事とは，基地局通信に適したアンテナを設計することであり，それは垂直ダイポール・アンテナを垂直に配列して水平面に放射を集中するものでした．彼のアンテナ理論検討の図面によればウィーラーは「ステーション・マスター・アンテナ」として知られるようになるもの（編注；コリニア・アレー・アンテナ）を設計し，その後それは25万セット以上売り上げました．

■ 2次レーダ・アンテナの設計

1970年代ウィーラーが携わった仕事の一つは，航空機のレーダ・ビーコンに飛行高度のコードを「質問」するレーダ・アンテナの設計です．このアンテナは，すでに空港で運用されている監視レーダの回転するアンテナの上に設置されるため，軽量でかつ非常に小さな風荷重でなければなりません．

ウィーラーは多くのアンテナの開放型平面アレーから開始し，必要なアンテナ・ロッド数を半分に減らす方法を発見しました．この設計は非常に成功し，今日，主な飛行場で回転するレーダ・アンテナ上のベッド・スプリングのように見える物です．

■ 経営者としてのウィーラー

ウィーラーは戦後13年間を除いて1924年から1987

年までヘーゼルタイン社に勤務しました．1958年アラン・ヘーゼルタインは「多くの電気分野における彼の素晴らしい発明および若い技術者に対する彼の教育は，会社の繁栄に対して非常に重要でした」[70]と語っています．これはウィーラーの会社経営に対する貢献に対して追加しなければならない話題です．

彼は1930年代に会社のベイサイド研究所を運営し，1965年から1977年の間はヘーゼルタイン社の取締役社長を務めたのに加えて，1965年のゼニス社の訴訟の不利な結果によってもたらされた危機の時代に最高経営責任者に任命されました．

彼は従業員の士気を回復するために大胆な行動をとり，会社の組織変更を支援し，そして1966年，経営を新しい最高経営責任者デビド・ウェスターマン(David Westermann)に引き継ぎました．ウィーラーは通常の定年の歳を過ぎても主任研究員としてヘーゼルタイン社に残り，会社の多くのプロジェクトを支援しました．

彼は80歳になる1980年代当初まで常勤の社員として勤務し，その後1987年まで週3日勤務しました．

11 ハンドブックと公式集

■ ラジオ技術者ハンドブック

ウィーラーは高校時代から，公式を収集する趣味がありました．彼は役に立ちそうな公式を見つけるといつもノートに書き留めました．「ラジオ技術者ハンドブック(Radio-Engineer's Handbook)」が出る以前には，ラジオ部品カタログの巻末に(人々がカタログを常に手元に置くように)公式集が載っており，ウィーラーはそれらが彼の情報源の一つだった[71]と振り返っています．

多くの活動する技術者のように，ウィーラーはハンドブックの編纂者に感謝しています．その一人は彼の初めての上司，ジョン・ハワード・デリンジャー(John Howard Dellinger)であり，彼の"Radio instruments and measurements"と題した米国規格基準局回覧誌[85]は1918年に初めて出版[72]されてから20年間にわたり，標準的な情報源でした．

もう一人はフレデリック・ターマン(Frederick Terman)で，彼の「ラジオ技術者ハンドブック」は第2次世界大戦後の数十年間にわたり，ラジオ技術者にとって有用な常時携行品となりました．ターマンが新しいハンドブックの材料を収集している1930年代半ば，彼がウィーラーと話すためにヘーゼルタイン社のベイサイド研究所を訪れたことが，二人が互いに数多く訪問する始まりでした．1943年に約900人の著者に拠ってハンドブックが最終的にできあがりました．ウィーラーは，アンテナに関する業績で知られるジョージ・ブラウン(George H. Brown)とターマン自身以外のすべての著者より多く引用[73]されました．

■ 計算尺レベル

ウィーラーは常に設計の原理と実践を理解するために議論を行い，そして「ブラック・ボックス」を使った計算，つまりあらかじめ準備されたコンピュータ・プログラム，または，彼の職業人生のほとんどにおいて至る所で普及していた数表を使うことを嫌いました．その代わりに彼は，定量的な関係を明快な象徴的記号または図で表示することを追求しました．それは公式や図を使う人が物理現象の理解を得るためであり，そして彼はコンピュータ・レベルより，むしろ彼が呼ぶところの「計算尺レベル(slide-rule level)」における解析や合成を選びました．彼は自身の仕事で1970年代にコンピュータ手法を取り入れましたが，冗談めかして「私の人生で最も寂しかった瞬間は，私の計算尺ルールを放棄したときでした」[74]と報告しています．

■ 非生産的な厄介事から技術者を救うための近道

ウィーラーは「考えること，計算すること，そして検証することにおいて非生産的な厄介事から技術者を救うための可能なすべての近道」[75]を提唱し，設計公式，図表やほかの計算補助，計算尺ルールの手順，および「設計の関係を解析や合成に適したグラフ表現」[76]を示す論文を数多く発表しました．"Simple inductance formulas for radio coils"と題された彼の初の出版[77]は1928年に世に出ました．ほかはそれに続く数十年間に散発的に出版され，2件が54年後[78]に世に出ました．

例えばウィーラーは1942年に「表皮効果に対する公式」[79]を発表しました．いわゆる「表皮効果」が交流電流を伝送する導体の実効断面積を縮小することは長年知られていましたが，彼はその数学的な扱いを綿密に記述しました．ウィーラーがこの論文で行ったのは，さまざまな断面の線路における表皮効果を計算する「インクリメンタル・インダクタンス・ルール(incremental-inductance rule)」と呼ぶ簡単な手法を導出して，この現象をよりわかり易い言葉で記述したことです．このルールは伝送線路の，とくにストリップ線路の設計において広く利用されました．

■ マイクロストリップ線路の特性インピーダンスを表す近似式

もう一つの例は図4に示す，プリント回路の解析と設計に便利な公式です．誘電体シートで絶縁された1本の導体ストリップと一つの平行接地板で構成されるストリップ線路(またはマイクロストリップ線路)の特性は重要でした．1977年(彼の最初の論文発表からほとんど50年後)に発表された論文で，ウィーラーは単一の式がすべてのストリップ幅と誘電率に対して(2

$$R = \frac{42.4}{\sqrt{k+1}} \ln\left\{1 + \left(\frac{4h}{w'}\right)\left[\left(\frac{14+8/k}{11}\right)\left(\frac{4h}{w'}\right)\right.\right.$$
$$\left.\left. + \sqrt{\left(\frac{14+8/k}{11}\right)^2\left(\frac{4h}{w'}\right)^2 + \frac{1+1/k}{2}\pi^2}\right]\right\}$$

$$w'/h = 8\frac{\sqrt{\left[\exp\left(\frac{R}{42.4}\sqrt{k+1}\right)-1\right]\frac{7+4/k}{11} + \frac{1+1/k}{0.81}}}{\left[\exp\left(\frac{R}{42.4}\sqrt{k+1}\right)-1\right]}$$

ただし，w'：ストリップ導体の実効幅，h：誘電体シートの厚さ，k：誘電率

〈図4〉接地導体面と誘電体シート上のストリップ導体の波動抵抗R(または特性インピーダンス)を表す式．下側の等価公式は与えられた波動抵抗をもつストリップ線路の設計に役立つ

%以内の相対誤差で)有効であることを示しました．さらにこの式は可逆であり，それは解析と合成の両方に簡単に使うこと[80]ができます．

■ 工学における実体経済

1946年にウィーラーがIRE学会誌に投稿した論説 "The real economy in engineering" で，彼は次のように書いています．

「工学における実体経済とは問題と迅速な解を理解するために使用可能なあらゆる手段を最大限に活用すること…『問題を理解する』ためには，集中，最高の参考文献と図表という補助手段を収集すること，例題の練習，新しく簡潔な公式や図表を作ること，限界を概観すること，が必要です…．科学の先駆者たるには参考資料に対する需要を常に大きく持ち続けることです．参考資料は計算の作業を軽減し，とくに解とその限界を理解するような方法で参考資料を求めることにより，工学的問題の解決の役に立ちます」[81]．

12 職務経歴，家庭生活，そして歴史的執筆

■ 職務経歴

ウィーラーは，彼のほとんどの職務をラジオ業界の中心であるニューヨーク近郊で遂行したことを幸運と考えていました．RCA社の事務所と研究所，ベル電話，ITTほかの会社がこの地域に在り，重要な電気工学研究はコロンビア大学，ニューヨーク市立大学，そしてニューヨーク工科大学，アメリカ・ラジオ・クラブ(Radio Club of America)およびラジオ技術者協会(Institute of Radio Engineers)はともにこの市を本拠地としていました．

ウィーラーはラジオ・クラブの会議に参加し，時々自分自身の研究について発表しました．1936年に彼はフェローの称号を，1964年にラジオ・クラブの最高の名誉であるアームストロング・メダルをそれぞれ授与されました．とくに回路理論の研究をしている期間，彼はアメリカ電気工学学会(American Institute of Electrical Engineers)の活発な会員でもありました．

IREのニューヨーク分科会の会議および年次会合では，彼はとりわけ重要な活動をしました．1935年にIREフェローを授与されたウィーラーは，いくつかの委員会で働き，とくにラジオ受信機の技術委員会および規格委員会の両方で委員長を務めました．ウィーラーは1932年から1938年までラジオ受信機技術委員会の委員長を勤め，すぐに多くの国でラジオを試験するための標準的ガイドとなった報告書を発行して退任しました．

1940年から1945年の間，IREの理事長を務め，戦後，ロング・アイランド分科会の設立を援助しました．この期間中，彼は全メンバーが地理的に定められた「セクション」に配属されること，および年間名簿にフェローの経歴を入れることを提案しました．これはIREで採択され，IEEEに引き継がれています．

■ 家庭生活

ウィーラーの家族は，彼がラス・グレゴリー(Ruth Gregory)と(彼女がジョージ・ワシントン大学を1926年に卒業して間もなく)結婚したときから始まり，それは彼の大きな誇

〈写真6〉左からドロシー，ハロルド，アルデン，ラス，そしてキャロライン・ウィーラー(1936年撮影)

りでした．ハロルドとラス，そして3人の子供たち，ドロシー(Dorothy)，キャロライン(Caroline)，そしてアルデン・グレゴリー(Alden Gregory)は緊密で仲の良い家庭(**写真6**)を築きました．

ウィーラー自身がそのような家庭で育ったことを自認していました．彼は「私たちの父と母は素晴らしいチームであり，私たちの家庭関係は考えられる限り理想に近いものでした．優しさと愛情および尊敬と称賛が拠り所です．協力と十分な自制の精神がありました．両親がそうだったように，良い習慣と清潔さは当然のことでした．」

そして「両親によって家庭は見事に醸成され，…それは養育，保護，自信，野心，そして好機を惜しみなく私たち子供たちに分け与えました．家族の絆の強さによって私たちは誰も孤独になることはありませんでした．」[82]と記述しています．

■ **合理的考え方に基づいて行った，伝統的慣行を見直す取り組み**

ウィーラーが合理的考え方に基づいて行った，伝統的慣行を見直す取り組みは，彼の合理主義に対する悟りを思わせます．ウィーラーはCGS単位系(センチメートル-グラム-秒)より望ましい単位として，MKS単位系(メートル-キログラム-秒)を提案しました[83]．

ウィーラーは以下のように論拠を示しています：CGS単位系は，電磁界の単位系と別に静電界の単位系を有しているため，使用者は単位系を頻繁に変換しなければならない．MKS単位系には電磁放射の波長をメートルで測定できるという更なる利点がある．

また，彼は彼が呼ぶところの「論理的日付コード(logical date code)」の推進者であり，そこでは "1934 DEC 23"，"34 12 23"，またはウィーラーの通常スタイル "341223" というように，時間に関する単位は年月日の順に表します[84]．

ウィーラーは，大きさの表現では減少する順に数字を置く(3桁の番号では100，10，1とする)のが既に慣行になっているから，欧州形式の日-月-年より彼の形式の方が好ましいと考えました．

彼は論文のコピーに自動的にその情報が含まれるようにするため，雑誌名，巻番号，そして日付が論文の各ページに載るように提唱しました．彼は出典を参照する革新的な方法や，技術文書作成で使う多くの略語の最適な形式に対する考え方を提案しました．

■ **受賞した名誉**

ウィーラーが受賞した名誉は，これまでに言及したものに加えて，サウスダコタ州ミッチェルの新聞配達少年として得た20ドル金貨，ジョージ・ワシントン大学，スティーブンス工科大学，およびポリテック工科大学から授与された名誉博士号，米国工学アカデミー会員への選出，アメリカ・ラジオ・クラブの先駆的出典(Pioneer Citation)，

MTTソサイエティ(Microwave Theory and Techniques Society)のマイクロ波キャリア・アワードがあります．

ウィーラーは国防省の顧問でした．彼は1950年から1953年まで誘導ミサイル委員会，1961年から1964年まで国防科学評議委員会の委員を務めました．1964年彼はIEEEで最も栄誉な賞である名誉勲章(Medal of Honor)を「広帯域増幅器とテレビジョン・システムにおける解像度の本質的限界に関する解析，およびアンテナ，マイクロ波素子，回路，受信機の理論および開発に対する基礎的な貢献」に対して受賞しました．

■ **歴史的執筆**

ウィーラーは3冊の歴史な本を著しました．"Hazeltine the Professor"(1978)，"The Early Days of Wheeler and Hazeltine Corporation - Profiles in Radio and Electronics"(1982)，および "Hazeltine Corporation in World War Ⅱ"(1993)です．

まず第一に，ウィーラーはルイス・アラン・ヘーゼルタインが電気工学に与えた，発明や出版だけでは知ることができない偉大な影響を知らしめるために，記述する責任があると感じていました．第二の本は，おもに自伝と第2次世界大戦までの期間の取り組みです．第三の本はウィーラーやヘーゼルタイン社の大戦中の活動に関する内容です．

■ **インタビュー**

ネベカー：生涯の多くで日記もつけていましたね．

ウィーラー：偶然なのですが大変幸いなことに，私が高校生のときのクリスマスに誰かが小さなポケット日記帳をプレゼントしてくれたのです．何気なく毎日の出来事を手早くメモし始めました．私は次のクリスマスまで興味を持ってしっかり継続し，自分で日記帳を買いました．何年かにわたり益々日記をつけるようになり，何年かたって普通サイズの製本された日記帳に進展しました．興味深いことに私は日記に何か文学的物語を書くようなことはしませんでした．私の日記は私の情緒面の課題やそのほかのことを書き留めたものではなく，まさに私が行ったことの断片的事項でした．時折日記を読んだ時に何が書かれているか思い出すのに苦労します．しかし私は，高校時代から現在に至るまでの私の日々の活動を大方たどることができる日記を完成するため，その方式を継続しました．

ネベカー：大きな中断はありませんでしたか？

ウィーラー：1年だけ新しい日記帳を買うことを怠りました．その後ずっとそのこと後悔しています．ですから1年だけ抜けがあります．

ネベカー：それらの日記を歴史的著作に利用したのですね？

ウィーラー：はい，とても多く．そして個人的な興味

でも，西海岸へ初めて旅行したのはどの年？ 西へ航空機を使い始めたときはどの飛行場？ LAについたとき，飛行場はバーバンク．かわいい小さな掘っ立て小屋．したがって，それは私が働いているときはいつでも手元に置いておいた私の宝物の一つ[86]です．

13 終わりに

彼の70年にわたるラジオ受信機(AM, FM, および短波)，試験機器，テレビ，レーダ，伝送線路，そしてアンテナに関する仕事を振り返り，ウィーラーは彼の専門分野は「私の職業の技術成長とともに発展しました」[87]と述べています．彼は自分が電気分野と大体同じ時期に生まれた幸運に感謝し，それは初めの数十年間だけではあったが，技術を習熟する速度がその専門分野の発展に追随できたと，振り返っています．

◆参考文献◆

(54) 1991年のインタビュー, p. 64.
(55) Leslie Curtis; "Detectors for buried metallic bodies", Proceedings of the National Electronics Conference, vol. 2, 1946, pp. 339～351.
(56) Henry Guerlac; "Radar in World War II", pp. 367～374, Tomash Publishers and American Institute of Physics, 1987.
(57) 1991年のインタビュー, p. 10.
(58) Harold A. Wheeler; "The design of doublet antenna systems", Proceedings of the IRE, vol. 24, 1936, pp. 1257～1275.
(59) 1991年のインタビュー, pp. 103～104.
(60) M. D. Fagen, editor; "A History of Engineering and Science in the Bell System: National Service in War and Peace (1925～1975)", Bell Telephone Laboratories, 1978, p. 24.
(61) 同書, pp. 370～383.
(62) 1991年のインタビュー, p. 54. アンテナの記述およびレドーム付きアンテナの図については，文献(48)のp.390にそれぞれ載っている．
(63) 1991年のインタビュー, p. 74.
(64) 特に重要なのは以下の論文：“Fundamental limitations of small antennas", Proceedings of the IRE, vol. 35, 1947, pp. 1479～1484; "Small antennas", IEEE Transactions, vol. AP-23, 1975, pp. 462～469; "Antenna topics in my experience", IEEE Transactions, vol. AP-33, 1985, pp. 144～151.
(65) Richard C. Johnson and Henry Jasik; "Antenna Engineering Handbook", 3rd edition, New York McGraw-Hill, 1993, Chapter 6.
(66) 1991年のインタビュー, p. 51.
(67) H. A. Wheeler; "The Radiation Resistance of an Antenna in an Infinite Array or Waveguide", Proceedings of the IRE, vol. 36, no. 4, 1948, pp. 478～487.
(68) 論文はIEEE Transactions, vol. MTT-13, 1965, pp. 172～185; Citation Classicとしての称号はCurrent Contents, 2 June 1980, p. 16.
(69) 1991年のインタビュー, pp. 89～90.
(70) 文献(8), p. 94.
(71) 1991年のインタビュー, p. 40.
(72) National Bureau of Standards; Circular 74 (Radio instruments and measurements), first edition 1918, second edition 1924.
フレデリック・ターマンは文献(49)のp.669で，「回覧誌74は主題(インダクタンス，相互インダクタンス，および容量の算出)に関して規範となる出典であり，実際に直面する以上のほぼすべてのケースに対して所望の精度で算出する公式を含んでいる」と書いている．回覧誌74については文献(16)のpp.52～55参照．
(73) 文献(49)の著者索引(pp. 997～1004)参照．
(74) 1991年のインタビュー, p. 33.
(75) H. A. Wheeler; "The real economy in engineering", Proceedings of the IRE, vol. 34, 1946, p. 526.
(76) ウィーラーが書いた "Selected papers by Harold Alden Wheeler" という題の17ページからなる原稿から引用．IEEE歴史センターで入手可能．
(77) "Simple inductance formulas for radio coils", Proceedings of the IRE, vol. 16, 1928, pp. 1398～1400.
(78) "A simple formula for the capacitance of a disc on dielectric on a plane", IEEE transactions, vol. MTT-30, 1982, pp. 2050～2054; "Inductance formulas for circular and square coils", Proceedings of the IEEE, vol. 70, 1982, pp. 1449～1450.
(79) H. A. Wheeler; "Formulas for the Skin Effect", Proceedings of the IRE, vol. 30, no. 9, 1942, pp. 412～424.
(80) H. A. Wheeler; "Transmission-line properties of a strip on a dielectric sheet on a plane", IEEE Transactions on Microwave Theory and Techniques, vol. MTT-25, 1977, pp. 631～647.
(81) Harold A. Wheeler; "The Real Economy in Engineering", Proceedings of the IRE, vol. 34, no. 8, 1946, p. 526.
(82) Early Days, p. 16, p. 20.
(83) 1991年のインタビュー, p. 23.
(84) H. A. Wheeler; "A logical date code for communications and records", Journal of Industrial Engineering, vol. 18, no. 4, 1968, pp. ix-x.
(85) See Early Days, pp. 9～10.
(86) 1991年のインタビュー, p. 191.
(87) Project LMS (1990)のために準備した自叙伝原稿8ページ．

なかじま・まさゆき
アンテナ技研㈱ エキスパート・グループ

■ アンテナ技研：HF帯からミリ波まで，アンテナ，フィルタ，伝送機器の専門メーカ

　アンテナ技研㈱は大学発ベンチャー企業の先駆けとして，1965年に当時 上智大学 理工学部教授だった佐藤源貞氏（**写真A**）によって創立されました．**写真B**は1982年にウィーラーが当社を訪問したときに贈呈した自著 "The Early Days of Wheeler and Hazeltine Corporation - Profiles in Radio and Electronics" に記した署名です．

　当社は創立以来，無線技術のキー・テクノロジであるアンテナを中心に，業務用アンテナや伝送機器の専門メーカとして，無線通信/放送分野のインフラ整備に大きな役割を果して参りました．

　来るべきグローバルな競争を見据え「開発型メーカ」として専門技術と経験を要する開発/設計/測定/調整業務に経営資源を集中し，製造工程の多くを受け持つパートナ会社とともに事業を展開していきます．

　1回だけ，一つだけの特注品のご相談やご依頼も大切にしており，これらは当社の研究/開発志向の表れです．技術者が個性や発想を活かして思う存分最先端技術に取り組めるよう，設備/機器等の環境を充実させて，新たな技術の修得とノウハウの蓄積に努め，社会の発展に貢献していきます．

　また「企業活動を通して学問の発展に寄与する」を基本理念としてきた当社では，これまでも学会への参加を奨励してきました．電磁界や回路網を始めとする各種通信理論/技術に関する先人の偉業を受け継ぎ，更に発展させるべく，今後はこれまで以上にアカデミアや研究機関との連携/交流を深め，より高い水準の研究/開発を目指していきます．

http://www.antenna-giken.co.jp/

〈中嶋 政幸〉

◀〈写真A〉
創立者・佐藤源貞教授と佐藤研究所の銘板
（1965年12月1日撮影）

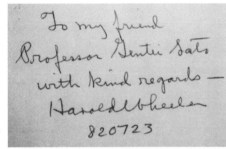

〈写真B〉▶
ウィーラーから贈られた自著の見返しに記されたサイン

〈写真C〉
創立50周年の記念写真（2015年12月）

The Editor's Notes
編集後記

■USB3.0が策定されたのは2008年，11年前のことでした．当時は5 Gbpsという表示にワクワクしたものでした．それが今やUSB3.2では20 Gbps，来たるUSB4では40 Gbpsと矢継ぎ早に高速化しています．そこでは反射抑制，インピーダンス整合，Sパラメータ測定によるディエンベディング，スペクトル拡散など，無線/高周波でお馴染みの用語が登場します．高速シリアル・インターフェースは，無線の研究者やエンジニアも活躍できる舞台かもしれません．（㊙）

読者アンケート実施中！

図書カードをプレゼント！詳しくはホーム・ページへどうぞ．

No.47のお知らせ 2019年7月29日発売予定

■無線通信界は5Gサービス開始に向けた動きが加速しています．5Gでは新しい無線アクセス技術が見送られましたが，もう新たな進歩はないのでしょうか？

編集部から

● **本誌掲載記事の利用についてのご注意**——本誌掲載記事には著作権があり，また産業財産権が確立されている場合があります．したがって，個人で利用される場合以外は所有者の承諾が必要です．また，掲載された回路，技術，プログラムを利用して生じたトラブルなどについては，小社ならびに著作権者は責任を負いかねますのでご了承ください．

● **ご寄稿ご投稿歓迎いたします**——実験レポート/製作記事/技術解説など，本誌へのご寄稿ご投稿をご希望の方は，テーマと内容の概要をレポートにまとめて下記のフォームからご応募ください．検討のうえ，追って採否をお知らせいたします．なお，

いいえ，5Gの先にある6Gでの実用化を目指した技術開発が始まっています．次号では，次世代無線技術として，6Gや準天頂衛星測位を紹介する予定です．

掲載時には小社規定の原稿料をお支払いいたします．
http://www.rf-world.jp/go/0008/

お問い合わせ先のご案内

● 在庫，バックナンバーに関して
　販売担当☎(03)5395-2141
● 広告に関して
　広告担当☎(03)5395-2131
● 記事内容に関して
　編集部☎(03)5395-2123
記事内容に関するご質問は，返信用封筒を同封して編集部宛てに郵送してくださるようお願いいたします．筆者に回送してお答えいたします．

年間予約購読のご案内

下記からお申し込みいただけます．
http://www.rf-world.jp/go/0005/

● **本書記載の社名，製品名について**——本書に記載されている社名および製品名は，一般に開発メーカーの登録商標です．なお，本文中では™，®，©の各表示を明記していません．
● **本書掲載記事の利用についてのご注意**——本書掲載記事は著作権法により保護され，また産業財産権が確立されている場合があります．したがって，記事として掲載された技術情報をもとに製品化をするには，著作権者および産業財産権者の許可が必要です．また，掲載された技術情報を利用することにより発生した損害などに関して，CQ出版社および著作権者ならびに産業財産権者は責任を負いかねますのでご了承ください．
● **本書に関するご質問について**——直接の電話でのお問い合わせには応じかねます．文章，数式などの記述上の不明点についてのご質問は，必ず往復はがきか返信用封筒を同封した封書でお願いいたします．ご質問は著者に回送し直接回答していただきますので，多少時間がかかります．また，本誌の記載範囲を越えるご質問には応じられませんので，ご了承ください．
● **本書の複製等について**——本書のコピー，スキャン，デジタル化等の無断複製は著作権法上での例外を除き禁じられています．本書を代行業者等の第三者に依頼してスキャンやデジタル化することは，たとえ個人や家庭内の利用でも認められておりません．

JCOPY〈(社)出版者著作権管理機構委託出版物〉本書の全部または一部を無断で複写複製(コピー)することは，著作権法上での例外を除き，禁じられています．本書からの複製を希望される場合は，(社)出版者著作権管理機構(TEL：03-3513-6969)にご連絡ください．

RFワールド 無線と高周波の技術解説マガジン
RADIO FREQUENCY　www.rf-world.jp
トランジスタ技術 増刊 No.46

CQ出版社
〒112-8619
東京都文京区千石4-29-14
http://www.cqpub.co.jp/

編　集	トランジスタ技術編集部
発行人	寺前 裕司
発行所	CQ出版株式会社
	〒112-8619 東京都文京区千石4-29-14
電話	編集 (03)5395-2123
	販売 (03)5395-2141
振替	00100-7-10665

2019年5月1日発行
©CQ出版株式会社 2019
（無断転載を禁じます）

定価は裏表紙に表示してあります
乱丁，落丁はお取り替えします

編集担当者　小串 伸一
DTP・印刷・製本　三晃印刷株式会社/DTP　有限会社 新生社
Printed in Japan

◆**訂正とお詫び**◆　本誌の掲載内容に誤りがあった場合は，その訂正を小誌ホーム・ページ(http://www.rf-world.jp/)に記載しております．お手数をおかけしまして恐縮ですが，必要に応じてご参照のほどお願い申し上げます．

アンケート実施中！抽選で図書カードをプレゼント！詳しくはwww.rf-world.jp

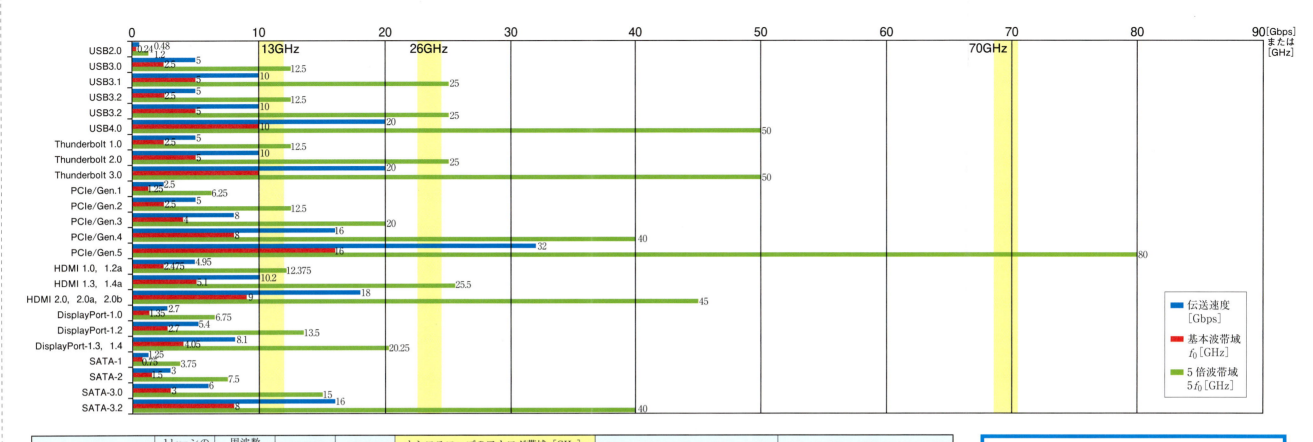

名称	1レーンの伝送速度[*1] [Gbps]	周波数帯域 f_0[*2] [GHz]	5倍帯域 $5f_0$ [GHz]	7倍帯域 $7f_0$ [GHz]	オシロスコープのアナログ帯域 [GHz]						名称など	備考
					1	4	6	13	26	70		
●パソコン周辺インターフェース												
USB2.0	0.48	0.24	1.2	1.68	–	○	○	○	○	○	Universal Serial Bus; High-Speed	NRZI
USB3.0	5	2.5	12.5	17.5	–	–	–	○	○	○	USB SuperSpeed (Gen 1x1)	8b/10bなので実効4Gbps
USB3.1	10	5	25	35	–	–	–	–	○	○	USB SuperSpeedPlus (Gen 2x1)	128b/132bなので実効9.7Gbps
USB3.2	5	2.5	12.5	17.5	–	–	–	○	○	○	USB Enhanced SuperSpeed (Gen 1x2)	2レーンを使用して10Gbps
USB3.2	10	5	25	35	–	–	–	–	○	○	USB Enhanced SuperSpeed (Gen 2x2)	2レーンを使用して20Gbps
USB4.0	20	10	50	70	–	–	–	–	–	○	(TBD)	Thunderbolt 3互換; 2レーンで40Gbps
Thunderbolt 1.0	5	2.5	12.5	17.5	–	–	–	○	○	○		
Thunderbolt 2.0	10	5	25	35	–	–	–	–	○	○	(旧称LightPeak)	
Thunderbolt 3.0	20	10	50	70	–	–	–	–	–	○		2レーンを使用して40Gbps
●パソコンI/O拡張カードのインターフェース												
PCIe/Gen.1	2.5	1.25	6.25	8.75	–	–	–	○	○	○	PCI Express	8b/10bなので実効250Mバイト/s
PCIe/Gen.2	5	2.5	12.5	17.5	–	–	–	○	○	○		8b/10bなので実効500Mバイト/s
PCIe/Gen.3	8	4	20	28	–	–	–	–	○	○		128b/130bなので実効1Gバイト/s
PCIe/Gen.4	16	8	40	56	–	–	–	–	–	○		
PCIe/Gen.5	32	16	80	112	–	–	–	–	–	○		
●映像や音声の高速ディジタル・インターフェース												
HDMI 1.0, 1.2a	4.95	2.475	12.375	17.325	–	–	–	○	○	○	High-Definition Multimedia Interface	165Mピクセル/s
HDMI 1.3, 1.4a	10.2	5.1	25.5	35.7	–	–	–	–	○	○		340Mピクセル/s
HDMI 2.0, 2.0a, 2.0b	18	9	45	63	–	–	–	–	–	○		600Mピクセル/s
DisplayPort-1.0	2.7	1.35	6.75	9.45	–	–	–	○	○	○		8b/10b. 2.7G×4レーン=10.8Gbps
DisplayPort-1.2	5.4	2.7	13.5	18.9	–	–	–	○	○	○		8b/10b. 5.7G×4レーン=21.6Gbps
DisplayPort-1.3, 1.4	8.1	4.05	20.25	28.35	–	–	–	–	○	○		4レーンを使用して25.92Gbps
●ハード・ディスク・ドライブのインターフェース												
SATA-1	1.5	0.75	3.75	5.25	–	–	○	○	○	○	Serial Advanced Technology Attachment	
SATA-2	3	1.5	7.5	10.5	–	–	–	○	○	○		
SATA-3.0	6	3	15	21	–	–	–	○	○	○	Serial ATA-600	実効転送速度: 4.8Gbps
SATA-3.2	16	8	40	56	–	–	–	–	–	○		
●パソコン用メモリ・モジュールのインターフェース												
DDR3-800/PC3-6400	0.8	0.4	2	2.8	–	○	○	○	○	○		
DDR3-2666/PC3-21333	2.666	1.333	6.665	9.331	–	–	–	○	○	○		
DDR4-1600	1.6	0.8	4	5.6	–	–	○	○	○	○		
DDR4-3200	3.2	1.6	8	11.2	–	–	–	○	○	○		

注▶*1: 片方向, 1レーンあたりの物理伝送速度を記した. *2: メモリ・モジュールの周波数帯域 (f_0) はバス・クロックを記した. 伝送速度は1線あたり.

高速シリアル・インターフェースの周波数帯域図Ⅱ

近年の高速シリアル・インターフェースはGbps単位が当たり前になりました．たとえばUSB3.0の場合，1対の差動伝送路を使い，HighレベルとLowレベルの2値シグナリングで5Gbpsの物理伝送速度を達成しています．その基本波成分はデューティー比50％と仮定すると2.5GHzです．矩形波らしく観測するなら，5倍波成分まで含めると，その信号帯域は12.5MHzに及びます．信号の立ち上がり時間や許容誤差を考慮すると一概にはいえませんが，アナログ帯域13GHzのオシロスコープを使えば5Gbpsの伝送信号を観測できるはずです．このように考えて作成したのが上の図です．映像インターフェースやパソコンのハード・ディスク・インターフェースも図中に記してみました．

〈編集部〉

RFワールド No.46 折り込み付録❶ ©2019 CQ出版社

世界のディジタル携帯電話周波数チャートXII

RFワールド No.46 折り込み付録❷
© CQ出版社 2019
RFワールド 無線と高周波の技術解説マガジン www.rf-world.jp

周波数割り当て（MHz）

地域	主な周波数帯と方式
全世界	380→496 W-CDMA/LTE・GSM400; 452.5→457.5, 462.5→467.5 W-CDMA/LTE; GSM700 698→762; 824→960 E-GSM; 876→960 R-GSM; 880→960; 824→2170 W-CDMA; 1920→2170 CDMA-2000; 2305→2315, 2350→2360 W-CDMA/LTE; 2500→2690 W-CDMA; 3400→3600 LTE-A; 3600→3800 LTE-A
日本	815→890, 1427→1511 W-CDMA/LTE; 832→925 CDMA2000; 1700→1785, 2110→2170 W-CDMA/LTE; 1844→1880 W-CDMA/LTE; 1889→1919 PHS/DECT; 1920→1980 W-CDMA/LTE; 2545→2575 AXGP; 2595→2645 WiMAX
韓国	1750→1870 CDMA2000/GSM/PCS
中国	890→960 GSM; 1850→2025 TD-SCDMA; 1900→1920 DECT
米国	746→960 CDMA2000; 1850→1990 GSM; 1710→1930 DECT; 1920→1990 CDMA2000
欧州	824→894 GSM; 1710→1880 GSM; 1880→1900 DECT

周波数 [MHz]: 350, 400, 600, 800, 1000, 1400, 1600, 1800, 2000, 2200, 2400, 2600, 2700, 3400, 3500, 3600, 3700, 3800

ディジタル携帯電話やデータ端末

LTE-Advanced (3GPP Rel.12) / LTE (3GPP Rel.8) 周波数範囲（#はバンド番号，青字は日本国内）

#	UL [MHz]	DL [MHz]
1	1920～1980	2110～2170
2	1850～1910	1930～1990
3	1710～1785	1805～1880
4	1710～1755	2110～2155
5	824～849	869～894
6	830～840	875～885
7	2500～2570	2620～2690
8	880～915	925～960
9	1749.9～1784.9	1844.9～1879.9
10	1710～1770	2110～2170
11	1427.9～1447.9	1475.9～1495.9
12	698～716	728～746
13	777～787	746～756
14	788～798	758～768
17	704～716	734～746
18	815～830	860～875
19	830～845	875～890
20	832～862	791～821
21	1447.9～1462.9	1495.9～1510.9
22	3410～3490	3510～3590
23	2000～2020	2180～2200
24	1626.5～1660.5	1525～1559
25	1850～1915	1930～1995
26	814～849	859～894
27	807～824	852～869
28	703～748	758～803
29	適用不可	717～728
30	2305～2315	2350～2360
31	452.5～457.5	462.5～467.5
32	適用不可	1452～1496
65	1920～2010	2110～2200
66	1710～1780	2110～2200
67	738～758	738～758
68	698～728	753～783
69	適用不可	2570～2620
70	1695～1710	1995～2020
71	663～698	617～652
72	451～456	461～466
73	450～455	460～465
74	1427～1470	1475～1518
75	適用不可	1432～1517
76	適用不可	1427～1432

WCDMA-3GPP TDD (UTRA TDD-HCR) UL/DL [MHz]

#	UL/DL [MHz]
33	1900～1920
34	2010～2025
35	1850～1910
36	1930～1990
37	1910～1930
38	2570～2620
39	1880～1920
40	2300～2400
41	2496～2690
42	3400～3600
43	3600～3800
44	703～803
45	1447～1467
46	5150～5925
47	5855～5925
48	3550～3700
50	1432～1517
51	1427～1432

CDMA2000 (3GPP2) / 1xEV-DO (3GPP2)

バンド・クラス	UL [MHz]	DL [MHz]
0	815～849	860～894
1	1850～1910	1930～1990
2	872～915	917～960
3	887～925	832～870
4	1750～1780	1840～1870
5	410～483	420～493
6	1920～1980	2110～2170
7	776～788	746～758
8	1710～1785	1805～1880
9	880～915	925～960
10	806～901	851～940
11	410～483	420～493
12	870～876	915～921
13	2500～2570	2620～2690
14	1850～1915	1930～1995
15	1710～1755	2110～2155
16	2502～2568	2624～2690
18	787～799	757～769
19	698～716	728～746
20	1626.5～1660.5	1525～1559
21	2000～2020	2180～2200

TD-SCDMA (UTRA TDD-LCR) UL + DL

1850～1910 MHz, 1900～1920 MHz, 1910～1930 MHz, 2010～2025 MHz

GSM, GPRS, EDGE

用途	UL [MHz]	DL [MHz]
T-GSM380	380.2～389.8	390.2～399.8
T-GSM410	410.2～419.8	420.2～429.8
GSM450	450.6～457.6	460.6～467.6
GSM480	479～486	489～496
GSM710	698.2～716.2	728.2～746.2
GSM750	777.2～792.2	747.2～762.2
T-GSM810	806.2～821.2	851.2～866.2
GSM850	824.2～848.8	869.2～893.8
P-GSM900	890.0～915.0	935.0～960.0
E-GSM900	880.0～915.0	925.0～960.0
R-GSM900	876.0～915.0	921.0～960.0
T-GSM900	870.4～876.0	915.4～921.0
DCS-1800	1710.2～1784.8	1805.2～1879.8
PCS-1900	1850.2～1909.8	1930.2～1989.8

WiMAX: 2595～2645 MHz
AXGP: 2545～2575 MHz
PHS: 1884.5～1919.6 MHz

DECT
- 欧州: 1880～1900 MHz
- 中国: 1900～1920 MHz
- 米国と南米: 1920～1930 MHz
- 日本: 1893.5～1906.1 MHz

変調方式

方式	変調
LTE-Advanced	OFDM (QPSK, 16QAM, 64QAM, 256QAM)
LTE	OFDM (QPSK, 16QAM, 64QAM)
WCDMA-3GPP FDD	DSSS (UL:デュアルBPSK, DL:QPSK)
HSDPA/HSUPA WCDMA-3GPP	DSSS (UL:デュアルBPSK, DL:QPSK, 16QAM)
WCDMA-3GPP TDD	DSSS (UL+DL:QPSK, DL:8PSK)
CDMA2000	DSSS (QPSK, OQPSK, HPSK)
1xEV-DO	DSSS (HPSK)
TD-SCDMA	UL+DL: QPSK, 8PSK; DL: 16QAM (HSDPAのみ)
GSM, GPRS, EDGE	GMSK, QPSK, 16QAM, 8PSK (EDGEのみ), 32QAM (EDGE Evolution)
WiMAX	OFDM (BPSK, QPSK, 16QAM, 64QAM, 256QAM)
AXGP	OFDM (BPSK, QPSK, 16QAM, 64QAM, 256QAM)
PHS	π/4シフトQPSK, BPSK, QPSK, 8PSK, 16QAM, 32QAM, 64QAM
DECT	GMSK(GFSK), π/2シフトBPSK, π/4シフトQPSK, 8PSK, 16QAM

送信出力

- LTE-Advanced: クラス3 23 dBm
- LTE: 端末 ワイド:上限なし, ローカル: 24 dBm以下, ホーム: 20 dBm以下
- WCDMA-3GPP FDD 端末クラス: 1=33 dBm, 2=27 dBm, 3=24 dBm, 4=21 dBm
- WCDMA-3GPP TDD 基地: 最大160 W
- CDMA2000 端末: 1=20 W, 2=8 W, 3=5 W, 4=2 W, 5=0.8 W
- GSM 基地: 1=320～640 W, 2=160～320 W, 3=80～160 W, 4=40～80 W, 5=20～40 W, 6=10～20 W, 7=5～10 W, 8=2.5～5 W
- WiMAX 端末: 0.4 W以下; 基地: 20 W以下 (チャネル間隔20 MHzの場合40 W以下)
- AXGP 端末: 0.2 W以下; 基地: 20 W以下 (チャネル間隔20 MHzの場合40 W以下)
- PHS 端末: 10 mW (ave.), 80 mW (peak); 基地: 最大0.5 W (ave.), 4 W (peak)
- DECT 端末・基地とも: 10 mW (ave.), 250 mW (peak)

多元接続方式

方式	多元接続
LTE-Advanced	DL: OFDMA, UL: SC-OFDMA
LTE	DL: OFDMA, UL: SC-OFDMA
WCDMA-3GPP FDD	CDMA
HSDPA/HSUPA	CDMA
WCDMA-3GPP TDD	CDMA/TDMA
CDMA2000	CDMA
1xEV-DO	TDMA/CDMA
TD-SCDMA	CDMA/TDMA
GSM, GPRS, EDGE	TDMA/FDMA
WiMAX	TDMA
AXGP	OFDMA/TDMA
PHS	TDMA
DECT	TDMA

複信方式

LTE-Advanced	FDD
LTE	FDD
WCDMA-3GPP FDD	FDD
HSDPA/HSUPA	FDD
WCDMA-3GPP TDD	TDD
CDMA2000	FDD
1xEV-DO	FDD
TD-SCDMA	TDD
GSM, GPRS, EDGE	FDD
WiMAX	TDD
AXGP	TDD
PHS	TDD
DECT	TDD

チャネル帯域幅

LTE-Advanced	最大40 MHz
LTE	1.4～20 MHz
WCDMA-3GPP FDD	5 MHz
HSDPA/HSUPA	5 MHz
WCDMA-3GPP TDD	5 MHz
CDMA2000	1.25 MHz
1xEV-DO	1.25 MHz
TD-SCDMA	1.6 MHz
GSM	200 kHz, 400 kHz (EDGE Evo.)
WiMAX	10～40 MHz
AXGP	10 MHz
PHS	288 kHz
DECT	1.728 MHz

チャネル数

- LTE-Advanced / LTE / WCDMA / HSDPA / CDMA2000 / 1xEV-DO / TD-SCDMA: サービスによる
- GSM ch数: GSM850=124, GSM900=124, E-GSM=174, R-GSM=194, GSM1800=374, GSM1900=299 (8ユーザ/ch)
- DECT: 欧州=10, 米国=5, 日本=5

ピーク・データ速度

LTE-Advanced	リリース12: UL 最大1.5 Gbps, DL 最大3.9 Gbps
LTE	リリース8: UL 最大75 Mbps, DL 最大300 Mbps
WCDMA-3GPP FDD	2 Mbps
HSDPA/HSUPA	14 Mbps (HSDPA), 5.76 Mbps (HSUPA)
WCDMA-3GPP TDD	2 Mbps
CDMA2000	307.7 kbps (CDMA2000 1×), 2.4 Mbps (CDMA2000 3×)
1xEV-DO	リリース0: 153.6kbps(リバース), 2.4Mbps(フォワード); リビジョンA: 1843kbps(リバース), 3072kbps(フォワード)
TD-SCDMA	2 Mbps, 2.8 Mbps (HSDPA)
GSM	14.4 kbps(GSM), DL 最大171.2 kbps(GPRS), DL 最大473.6 kbps(EDGE), DL 最大1.89 Mbps(EDGE Evo.)
WiMAX	DL 最大13.3 Mbps; WiMAX2+ DL 最大220 Mbps
AXGP	DL 最大110 Mbps, UL 最大15 Mbps
PHS	最大29.2 Mbps
DECT	1.152 Mbps, 2.304 Mbps, 3.456 Mbps, 4.608 Mbps, 6.912 Mbps

---

1x EV-DO: 1x Evolution Data Only, **3GPP**: 3rd Generation Partnership Project, **CDMA**: Code Division Multiple Access, **DCS**: Digital Cellular System, **DECT**: Digital Enhanced Cordless Telephone, **DQPSK**: Differential QPSK, **E-GSM**: Extended GSM, **EDGE**: Enhanced Data GSM Environment, **FDD**: Frequency Division Duplex, **GMSK**: Gaussian Filtered Minimum Shift Keying, **GSM**: Global System for Mobile Communications, **GPRS**: Grneral Packet Radio Service, **IS**: Interim Standard, **HPSK**: Hybrid Phase Shift Keying, **HSDPA**: High Speed Download Packet Access, **OQPSK**: Offset QPSK, **PAMR**: Public Access Mobile Radio, **PCS**: Personal Communications Service, **P-GSM**: Primary GSM, **PHS**: Personal Handy-phone System, **PSK**: Phase Shift Keying, **R-GSM**: Railroad GSM, **TD-SCDMA**: Time Division-Synchronous CDMA, **TDD**: Time Division Duplex, **T-GSM**: Trunking GSM, **UL**: UP Link, **UMTS**: Universal Mobile Telecommunications System, **UTRA**: UMTS Terrestrial Radio Access, **W-CDMA**: Wideband CDMA, **WiMAX**: Worldwide Interoperability for Microwave Access